SHENGTAI HUANJING MEIXUE SHIYE XIA DE
XIANGCUN JINGGUAN GUIHUA YU SHEJI YANJIU

生态环境美学视野下的
乡村景观规划与设计研究

靳晓东　黎　明 ◎著

U0353439

中国书籍出版社
China Book Press

图书在版编目（CIP）数据

生态环境美学视野下的乡村景观规划与设计研究 / 靳晓东，黎明著. -- 北京：中国书籍出版社，2024. 8.
ISBN 978-7-5068-9968-0

Ⅰ. TU986.2

中国国家版本馆CIP数据核字第2024ZD2311号

生态环境美学视野下的乡村景观规划与设计研究

靳晓东　黎　明　著

图书策划	尹　浩　李若冰	
责任编辑	毕　磊	
责任印制	孙马飞　马　芝	
出版发行	中国书籍出版社	
地　　址	北京市丰台区三路居路 97 号（邮编：100073）	
电　　话	（010）52257143（总编室）　（010）52257140（发行部）	
电子邮箱	eo@chinabp.com.cn	
经　　销	全国新华书店	
印　　刷	廊坊市博林印务有限公司	
开　　本	710 毫米 ×1000 毫米　1/16	
字　　数	224千字	
印　　张	15.5	
版　　次	2025 年 1 月第 1 版	
印　　次	2025 年 1 月第 1 次印刷	
书　　号	ISBN 978-7-5068-9968-0	
定　　价	75.00 元	

前　言

　　随着全球生态环境问题日益突出，人们开始意识到环境保护和可持续发展的重要性。乡村作为人与自然和谐共生的典范，其景观规划与设计不仅关系生态环境的保护，更影响着人类文化的传承与发展。在现代化进程中，许多乡村景观由于不合理的开发和建设遭到破坏，这一现象引发了人们对乡村景观保护和发展的深刻反思。生态环境美学作为一种新兴的研究视角，为乡村景观规划与设计提供了理论依据和实践指导。因此，本书在生态环境美学视野下，对乡村景观的规划与设计进行系统探讨，旨在构建人与自然和谐共生的美丽乡村。

　　本书共分为六章。第一章阐释与建构乡村景观的生态环境美学，从生态环境美学的内涵出发，探讨其在乡村景观保护与发展中的适用性，并提出乡村生态环境美学建构的具体路径。第二章围绕乡村景观的理论阐释与动态发展进行探讨，明确乡村景观的概念、理念与功能，分析其构成要素及发展趋势。第三章论述乡村景观规划设计的基本方法，包括乡村基础景观环境设计、乡村环境空间的塑造设计、乡村公路生态景观设计、乡村自然景观的开发模式及景观美学要素的体现。第四章论述乡村建筑规划与民居保护设计，涉及民居建筑设施的规划、乡村生态社区建设、乡村历史文化村镇建筑保护规划及民居建筑的更新与保护设计。第五章探讨乡村景观资源的利用与开发设计，从景观资源的利用、景观开发与乡土文化传承、生态景观建设与保护等方面进行详细研究。第六章研究乡村旅游开发与生态景观设计，分析乡村旅游景观的空间格局、开发类型及其营造方法。

　　本书在理论上丰富了生态环境美学的内涵及其在乡村景观中的应用，为乡村景观规划与设计提供了新的视角和方法；在实践上提出了规划设计策略和方法，具有较强的指导意义，可为乡村景观保护与开发提供具体操作指南，促进乡村可持续发展。

　　在书写这本书的过程中，笔者深知自身的不足与局限，也感受到了前人学者们的辛勤探索与积累。因此，为了增强著作的广度和深度，本书还参阅了部分专家学者的专著与论文，具体已在参考文献中列出，在此表示诚挚的感谢！

　　由于笔者水平有限、学识微薄，拙著中难免有纰漏与错误之处，还望老师、同道们指正，以期不断完善与提高。

2024 年 4 月

目　录

第一章 乡村景观中的生态环境美学探析

第一节 生态环境美学的内涵

一、生态环境美学的概念

生态环境美学是一个综合性、多维度的概念，旨在探讨人与环境之间的审美关系。它不仅涵盖了自然景观的美，还包括了人类活动对环境的影响以及由此产生的审美体验。

首先，我们需要明确自然美与生态美之间的区别。自然美的范围较为宽泛，涵盖了自然界的一切美丽事物，无论是壮丽的山川、秀丽的河流，还是绚烂的日落、幽静的森林。而生态美则是自然美的一种特定形式，强调的是生态系统的和谐美。这意味着，生态美不仅仅关注美的外在表现，更注重生态系统的健康与平衡。因此，自然美不一定是生态美，但生态美必然是自然美的一种体现形式。

其次，由于"生态"一词往往让人联想到大自然，许多人误以为生态美学仅研究人与自然环境的审美关系。事实上，生态美学的范畴更为广泛，它不仅研究人与自然环境的审美关系，还关注人与社会环境以及日常生活中的审美体验。生态美学包含了地域性、民族性和社会性，这些元素往往被忽略，因为人们通常更关注自身与自然界其他生物的区别。然而，作为自然界的一部分，人类的生活环境，包括城市和乡村，也具有其独特的生态美，这种美可以称为"社会美"。社会美涉及人类的衣食住行等各个方面，凡是与人类生存发展有关的事物，都是社会美的一部分。

从狭义上讲，生态环境美学关注主体与自然环境之间的生态审美关系，提出了特殊的生态审美范畴。这一方面的研究重点在于自然环境的美如何影响人类的感知和情感体验，以及人类如何通过保护和改善自然环境来实现生态美。生态美学在广义上定义为主体与自然环境、社会环境之间的关系，以及人与自身生态平衡状态的探索。这种美学不仅限于美的研究，还延伸到存在的研究，被称为"存在论美学观"，它强调美学应遵循自然生态规律。

随着社会、经济和生态问题的日益突出，生态环境美学应运而生，成为美学、哲学与生态学等学科交叉融合的产物。生态环境美学的发展是应对现代社会复杂问题的必然结果，它以自然、经济、社会的复合生态系统为研究对象，探讨生态审美的范畴、人的生态审美意识及生态美感的享受，研究生态美的创造、发展及其存在规律。通过这种研究，生态美学不仅有助于我们理解美的本质和表现形式，还能引导我们更好地保护和改善我们的生活环境，从而实现人与环境的和谐共处。

二、生态环境美学的发展

生态环境美学作为一门独立的学科，其发展历程丰富且深远。从古希腊时期对美的认识开始，形式的恰当、节奏、对称和平衡被视为美的基本要素，体现了自然的神性。古罗马时期，自然美在文艺作品中有所展现，但主要关注人的崇高。文艺复兴时期，人与自然的关系经历了重要转折，二元对立的观念逐渐形成，自然美开始受到更多关注。18世纪，康德的"审美无利害性"思想和黑格尔的绝对理念对自然审美进行了深刻探讨，自然美的主题逐渐被淡化。

20 世纪 60 年代，随着城市化进程和环境保护意识的兴起，现代环境美学逐步形成。罗纳德·赫伯恩和蕾切尔·卡逊的作品为环境美学奠定了基础，使其逐渐确立为独立学科，进入蓬勃发展时期。现代环境美学吸收了生态学、地理学、法学、经济学和社会学等多学科知识，拓展了研究范畴和认知边界。艾伦·卡尔松和阿诺德·伯林特等学者提出了"科学认知模式"和"参与美学"等重要理论，推动了环境美学的发展。

在中国，环境美学的引入和发展始于 20 世纪 90 年代末。陈望衡教授强调环境美学的应用性，注重审美欣赏，而曾繁仁教授则关注生态美学，倡导生态意识的审美观。不同思想的碰撞和结合使环境美学的应用面更加广阔，从自然环境到人类环境，从环境关注到环境意识，人与环境的关系也愈加紧密。

综上所述，生态环境美学作为一门跨学科研究领域，通过不断吸收多学科知识，探索人与自然以及社会环境的审美关系，不仅推动了环境美学理论的完善，也促进了人类对环境保护的重视和实践。

三、生态环境美学的哲学基础

生态环境美学作为一门学科，依赖于深厚的哲学基础。历史表明，思想观念在特定的历史背景下形成、发展，并随着时间的推移逐渐变化。在古代，无论是东方还是西方，人们对自然普遍心存敬畏，形成了一种对自然膜拜的生态观。例如，中国古籍《左传》中提到的祭祀反映了古人对自然和天地的敬畏。这种敬畏和崇拜源于人们对自然力量的认知和依赖。

科学技术的发展与人类中心主义之间的关系可以追溯到文艺复兴和工业革命时期。在这段历史时期，科学技术取得了显著进步，促使人类逐渐失去了对自然的敬畏，转而渴望征服和改造自然。这一时期的思想观念强调人类是地球的中心，其他一切都应为人类服务。这种人类中心主义的观点在推动人类文明进步的同时，也对地球生态造成了巨大破坏。

20 世纪中叶，工业扩张导致的环境恶化和第二次世界大战带来的经济破坏促使人们重新审视人类中心主义的局限性，逐渐走向了"人在世界之中"的存在模式。这种模式主张人在尊重自然规律的前提下，与自然和谐共处，追求共生共荣。这种反思为后来的生态哲学和生态美学的发展奠定了基础。

大卫·雷·格里芬的"生态论的存在观"构成了生态美学的重要哲学基础。格里芬在理论发展上继承并扩展了海德格尔的存在论哲学，标志着哲学和美学研究从认识论向存在论的重大转变。这一转变反映了思维方式的过渡，即从人类中心主义向生态整体思考的转变。在这一框架下，人类与世界的关系不再是传统的对立主体与客体的关系，而是"此在与世界"的关系性状态。这种关系性状态为实现人与自然的和谐统一提供了理论前提。通过这种存在观的变革，格里芬构建了人与自然生命共同体的关键，强调了生态整体思考在构建和谐共存关系中的重要性。

"祛魅"和"返魅"是生态论存在观的重要概念。祛魅是指人类从畏惧自然到认识、利用和改造自然的过程，而返魅则是指对自然重新产生谦恭和敬畏的审美存在状态。这一转变体现了人类对自然的重新认识和态度的改变，是生态美学的重要哲学基础。

四、生态环境美在传统美学中的定位

传统美学将美分为四类：艺术美、社会美、技术美和自然美。艺术美存在于艺术创作中，如绘画、音乐、雕塑等；社会美涵盖群体性社会历史事件与生活方式，以及个别人的优雅举止和技艺；技术美是工业文明的产物，通过技术手段和技艺操作带来审美愉悦；自然美是自然现象本身或其表现出的审美价值。

生态环境美学作为一个新兴领域，跨越了传统美学的诸多类别。生态美与自然美的内涵在很大程度上重合，但生态美学更注重生态与人文的结合，涉及社会美的范畴。例如，一些建筑和景观项目中使用的生态技术和技艺体现了技术美的层面。虽然生态美本身不具备艺术性，但在特定领域中，如建筑和景观设计中，生态美与艺术美可以共存。例如，美国建筑师弗兰克·劳埃德·赖特设计的流水别墅遵循了建筑与环境相协调的理念，展现了生态美感和建筑艺术的融合。

总之，生态环境美学不仅在某一类别中具有独特性，还跨越了传统美学的界限，融合了多种美学元素。随着生态文明建设的推进，生态美学在未来将继续发展，并在更多领域中得到应用。这一趋势不仅体现了人类对自然的尊重和保护，也推动了人与自然和谐共生的理念。

五、生态环境美学的表现形式

生态环境美是美的一种高级形式，强调人类与自然的和谐关系。它倡导在尊重自然的基础上追求美，以实现人与自然的平等共存和相互关怀。生态美学的定义并非单纯的自然保护主义或人类中心主义，而是致力于实现人与自然的和谐共处与协调发展。其目标是构建一种健康、和谐、完整、安全、平衡、有序、负责任且友好的新型人与自然关系。生态美的内涵不仅是抽象的概念，而且是形态美、联系美、过程美和功能美的有机结合，体现了生态系统的综合美感。

（一）形态美

形态美是美的外在表现形式，无论是传统美学还是生态美学，形态都是美的重要组成部分。人类在欣赏美的事物时，往往关注其大小、尺寸、颜色和形态等因素是否符合自身的审美标准，同时也重视其所承载的思想文化。

自然界本身独立于人类的审美之外，不存在所谓的美与丑。百花齐放和横尸腐肉，皆是生态系统正常运转的表现。人类的审美过程不可避免地与人的参与息息相关，人类在观察和感受自然之美时，会带有主观的审美判断。在此基础上，生态美的实现需要满足双重需求：既要保持生态系统的健康和谐，又要兼顾人类的审美需求。某些运转良好的自然景观，如残柳败荷、荆棘遍野、弱肉强食的场景，如果经过适量的人工干预和修饰，赋予一定的美学元素，可能更容易被大众接受。这种人工干预不仅提升了景观的审美价值，还在一定程度上促进了人们对生态系统的理解和关注。

（二）联系美

生态美不仅仅体现在外观的光鲜亮丽，更关键的是事物之间健康和谐的联系。外观华丽的物种并非必然具备生态美，其生态关系是否健康至关重要。例如，一些外来植物如凤眼莲、月见草和马缨丹，尽管外表美丽，但它们侵占了本土植物的生存空间，破坏了当地的生态平衡，因此不能称其为生态美。

同样地，在河道建设中，如果不考虑生态系统的能量迁移和物质传递，盲目建设项目会破坏生态多样性，损害生态关系，这样的项目显然不具备生态美的条件。生态美要求生态系统内部各要素的关系是和谐的，只有在这样的基础上，才有可能实现生态美。

（三）过程美

生态美是一个动态过程，它反映了自然生态系统与人类之间关系的不断演变。许多景观项目在设计初期为了达到理想的效果，忽视了植物在生长过程中的变化，导致最终效果与设计初衷相差甚远。因此，生态美不仅在于初期的形态美，还在于整个生态过程的和谐美。例如，植物景观群落在刚种植时可能不具美感，但随着时间的推移，植物的生长会逐渐展现出过程美。

引入外来速生物种如果没有科学评估，虽然初期可能带来经济效益，但长期会破坏本土生态系统，削弱生态系统的稳定性。生态美学强调生态过程的持续性和长远性，而不是追求短期的视觉效果。

（四）功能美

功能美是形态美、联系美和过程美的综合体现。具有功能美的生态美必然包含上述三种美的一种或多种形式。例如，某些景观项目设计了大面积的草坪，但草坪的生态功能如果不健全，则只具形态美而无功能美。草坪如果是单一存在的，将导致区域生态系统结构简单化，减少生物多样性，降低水土保持能力和小气候调节功能。这样的草坪虽然外观美丽，但失去了应有的生态功能，显然不具备生态美。

生态美学不仅注重形态美，还强调生态系统内部关系的和谐（联系美）、生态过程的动态变化（过程美）以及生态功能的健全（功能美）。生态美学追求的是一种整体的、持续的、和谐的美，这种美在自然与人类的互动中不断呈现和演变，是对人与自然关系的深刻反思和积极探索。生态美学在实践中，通过科学合理的设计和管理，推动人与自然的和谐共处，促进生态文明的建设。

六、生态环境美学的功能与价值

生态环境美学作为生态学在美学中的分支，关注人与自然和谐共处，旨在提升生态环境意识、推动生态文化观念、提高自然环境欣赏水平，从而提升生活幸福感。它强调人与自然的依存关系，通过审美教育和实践促进生态保护和可持续发展，因此在现代社会中具有重要的理论和实践价值，值得广泛关注和应用。

（一）环境保护：提供超前的环境保护理念，塑造优质的生活居住环境

生态环境美学在环境保护中发挥着重要作用。通过美学视角审视自然，人们能够深入了解生态系统的复杂性与价值，进而意识到生态环境对人类生存与发展的重要性。生态美学有助于打破人们以自我为中心的观念，引导其更广泛、包容地审视环境，从而培养出更为环保的生活方式与行为。考虑环境破坏的速度和程度，保护生物多样性与生态环境完整性的行动显得尤为重要和紧迫。

生态环境美学的研究能够为我们提供超前的环境保护理念，使我们能够尽可能地塑造一个既满足人们生活需求又不会对自然环境造成破坏的优质生活居住环境。"复育生态工法"是针对生态受损土地的有效修复手段。通过此工法，土地活力得以恢复，生物多样性得以保护，生态系统得以重建。对待即将开发的土地，可采取预保护措施，通过精心规划和选择开发方式，最小化环境破坏和生态影响。这种方式实现了环境保护与可持续发展的双赢局面，使得开发过程不再是对生态的简单破坏，而是在考虑生态系统的基础上进行，既满足了人类发展的需求，也保护了环境的可持续性。

生态环境美学的研究不仅提供了理论指导，更为环境保护行动提供了实践支持。它不仅是一种学科研究，更是一种价值观念和行为准则，引导着人们在生活和工作中积极参与到环境保护事业中来。通过生态美学的理念，我们可以更加深刻地认识到人与自然的关系，意识到环境保护对于人类生存和发展的重要性，从而更加积极地投入到环境保护的实践中，共同创造一个更加美好和可持续的未来。

（二）生活方式：提高环境适应能力，发掘生态优质的生存方式

生态环境美学在生活方式方面的作用不可忽视。在工业文明之后，人类对科学技术所创造的优越生活条件产生了依赖，但这也导致了人与自然生态之间的隔阂逐渐加深。然而，生态美学的推广可以有助于调节人类对自然环境的适应性，从而发现更加生态健康的生存方式。

例如，随着人类对空调等科技产品的依赖性增加，我们对自然环境的适应能力逐渐减弱。空调作为一种便利的科技产品，确实为我们在炎热的夏季提供了舒适的生活条件，但过度使用空调也带来了对大气环境的破坏。相比之下，古人在没有空调的时代仍然能够通过自然生态的手段营造出可以避暑的居住环境，如利用地形、植物遮挡阳光，借助自然冷却实现降温等。这种基于自然生态的生存方式不仅更加环保，还能够给人们带来心灵上的满足和慰藉。

通过生态环境美学的教育和实践，人们可以重新审视自己的生活方式。这不仅有助于缓解日常生活带来的精神压力，还能够促进人与自然的和谐相处，实现环境与人的双赢。生态美学的理念提倡人们在日常生活中尽可能地借助自然生态的力量，以更加健康、可持续的方式与环境相融合，从而实现生活方式的转变和提升。

（三）资源利用：加快落实生态文明建设进程，减少资源损耗与生态负担

生态环境美学在资源利用方面发挥着重要作用。加快落实生态文明建设进程，减少资源损耗与生态负担，可以实现资源的可持续利用。

在面对有限的资源和日益严峻的资源枯竭危机时，生态美学强调了对资源的充分利用和循环利用。一方面，通过科学技术的手段，开发利用各种新能源，如风能、水能、太阳能等，来替代传统的能源，减少对

有限资源的过度消耗。另一方面，生态美学倡导节能、低耗、自给自足的生活方式，以实现对资源的可持续利用。例如，生态美学提倡的桑基鱼塘和生态建筑技术等，都是通过科学生态的方式，充分利用土地资源和自然生态系统，实现资源循环利用和节约。

生态环境美学所倡导的生态文明建设理念，不仅仅是一种理论指导，更是一种实践行动。通过推广和应用生态美学的理念和技术手段，可以促进社会各个领域的生态文明建设，推动经济社会可持续发展。生态美学的资源利用观念，有助于人们重新审视和调整自己的生活方式和生产方式，实现资源的有效管理和利用，为人类的可持续发展做出积极的贡献。

（四）生态伦理：缓和二元对立局面，培养优质生态伦理美德

生态环境美学所倡导的生态伦理观念对于人类与自然之间的关系至关重要。它强调人与自然应该建立一种平等、和谐、共生的关系，摒弃人类中心主义的思维，尊重自然、爱护自然，共同构建人与自然的生命共同体。

传统上，人类往往将自己置于自然界的顶端，视自然为被征服、被利用的对象。这种人与自然的对立观念导致了人类对自然的过度开发和破坏，加剧了生态环境的恶化和资源的枯竭。生态美学所倡导的生态伦理观念则试图打破这种对立局面，使人类认识到自身与自然界的紧密联系，意识到人类的生存离不开自然的支持与保护。

在面对日益严峻的环境问题时，生态伦理观念提出了一种新的价值取向，即尊重自然、保护自然、与自然和谐相处。这种观念要求人们放下人类中心的思维，给予自然足够的尊重和关爱，通过保护生态系统的完整性和稳定性来维护人类自身的生存环境。

为了实现生态伦理观念，需要加快培养人们的生态伦理价值观，灌

输给民众足够的生态知识与审美观念。这不仅需要政府和学者的共同努力，也需要全社会的参与和支持。通过教育、宣传、法律等手段，促使人们树立正确的生态伦理观念，将生态美学的理念融入社会生活的方方面面，从而实现人类与自然的和谐共生，共同构建可持续发展的美好未来。

第二节　生态环境美学在乡村景观保护与发展中的适用性

一、当前乡村社会生态环境美建构存在的问题

当前乡村社会生态环境美的建构面临诸多挑战，包括环境污染与破坏、农业化与城市化冲击、生态景观缺失、传统文化丧失以及资源浪费与不合理利用等问题。这些挑战不仅影响了乡村的生态美观，也损害了居民的健康和生活质量。因此，需要通过有效的政策和措施来解决这些问题，促进乡村社会生态环境美的提升和对之保护。

（一）乡村发展的现代与传统的断裂

乡村发展中现代与传统的断裂问题在当前乡村建设中日益凸显。传统村落作为承载着中华传统文化精髓的重要遗产，其历史、文化、社会和经济价值不可忽视。然而，随着现代化进程的推进，一些乡村传统因素被现代因素所取代，导致乡村社会生态美的建构受到挑战。

古村落的快速消亡和对传统物质载体的忽视成为现代化进程中的痛点。许多历史悠久的古村落在现代化的推动下，面临着被推平、被改建、被拆除的命运，导致乡村传统与现代的断裂。例如，徽州休宁隆阜和河

南焦作市许良镇陈范村等古村落的消失，给人们带来了深刻的反思和遗憾。一些乡村在现代化建设中忽视了传统物质载体的价值，盲目进行拆除、改建和修缮，破坏了乡村传统与现代的连续性，也破坏了乡村社会生态的整体美观。

乡村现代化建设中的误区主要表现为对传统村落、建筑和环境的不当处理。一些乡村为了追求现代化和规范化，忽视了对古树、古建筑等传统元素的保护和修缮，甚至将传统青石板路改建成水泥路，采用非传统材料修缮古建筑，或者将古建筑用作储物等非传统用途。这些做法不仅破坏了乡村的传统与现代的连续性，也影响了乡村社会生态美的建构和整体美观。

因此，要解决乡村现代与传统断裂的问题，需要加强对传统村落和建筑的保护与修缮，注重传统与现代的融合与连续性，促进乡村社会生态美的提升和保护；重视乡村文化遗产的保护与传承，注重传统与现代的协调发展，实现乡村社会生态的可持续发展。

（二）"景观同质化"问题

乡村社会生态中的景观同质化问题表现为两方面：一是乡村景观表层的"千村一面"，即乡村建设中出现了大量相似的景观元素和形式，导致乡村失去了个性化和特色性；二是乡村景观差异性背后的同质性，即不同乡村在发展过程中建造了不同形式的景观，但出发点和目的却是相似的，导致乡村景观在外在表现上呈现出同质性。这些问题都在一定程度上影响了乡村社会生态美的建构和发展。

首先，乡村景观表层的"千村一面"现象体现在乡村建设过程中的盲目模仿和跟风现象。在追求现代化和规范化的过程中，许多乡村采取了类似的建设方案，导致乡村景观的同质化。例如，过度地使用水泥、沥青等材料进行路面硬化，统一民居的外观形态，修建大量相似的观光项目等，都使得乡村失去了原有的特色和活力。这种同质化不仅使得乡村失去了个性，也影响了乡村社会生态美的建构。

其次，乡村景观差异性背后的同质性问题则主要体现在乡村旅游开发中。为了吸引游客和促进经济发展，许多乡村在建设景区时采用了类似的建设方案，导致不同乡村的景观在表面上呈现出差异，但实质上却具有相似的目的和出发点。这种同质化现象使得乡村景观丧失了地域特色和文化内涵，令人难以感受到乡村真实的历史和文化底蕴。

综上所述，乡村景观同质化问题不仅影响了乡村的个性化和特色化，也削弱了乡村社会生态美的建构。为了解决这一问题，需要加强对乡村景观建设的规划和管理，注重挖掘和保护乡村的地域特色和文化内涵，促进乡村景观的多样化和个性化发展；加强对乡村发展目的和方向的理性思考，避免盲目跟风和一刀切的做法，确保乡村建设符合当地实际情况和发展需求。

（三）乡村绿色转变受阻

乡村的绿色转变受阻主要体现在三个方面：自然环境的绿水青山化、乡村绿色生产方式，以及乡村生活方式的生态化。

首先，在自然环境方面，乡村的"绿水青山"转变面临着一系列问题。尽管"绿水青山就是金山银山"的理念被提出，但在实践中，乡村的生态环境并未得到有效的保护和改善。存在的问题包括产权界定不明确、补偿机制不明晰、生态价值估量难度大等，这些问题制约了乡村生态产品功能价值向交换价值的转化。

其次，在绿色生产方式方面，乡村生产方式的绿色化也面临着挑战。乡村产业发展往往会对乡村生态环境造成破坏，而缺乏科学合理的相关体制机制使得乡村生态化发展的功能受到限制。部分乡村在追求产业发展的同时忽视了对生态环境的保护，导致生态与产业发展之间的矛盾。

最后，在乡村生活方式方面，乡民的生活观念和行为习惯也未能完全实现绿色化。尽管现代化带来了便捷和物质水平的提升，但乡民的生活观念仍然滞后，存在着资源浪费、环境污染以及对环保意识的不足等问题。乡民在垃圾分类、节水用电等方面的表现不够理想，这些行为阻碍了乡村社会生态美的建构。

综上所述，乡村的绿色转变受阻主要是因为缺乏有效的制度和机制保障，以及乡民生活观念和行为习惯的滞后。要解决这些问题，需要加强相关政策和法规的制定和执行，增强乡民的环保意识和生态文明素养，推动乡村绿色转变迈出实质性的步伐。

二、环境美学在乡村景观保护与发展中的应用原则

（一）形式美

乡村景观规划的核心是要将自然风光与文化特色相融合，以打造整体的形式美。

首先，了解当地的地势、结构布局等基本情况至关重要。这可以帮助规划者更好地把握乡村的地理特征，从而规划出符合地域特色的景观布局。

其次，结合当地的历史文化特色，围绕核心遗址、古建筑展开景观打造。这不仅是对历史文化的保护，更是对乡村形式美的体现。修复历史建筑、展示其旧有的风貌，配合周边的环境景观，使整个空间呈现出一致的风格，形成统一的整体感。对于成片的历史文化重点区域，要进行风格的整体统一，突出主题，让人们在浸入式的体验中感受历史的魅力。

最后，乡村景观规划必须尊重乡村本来的形式风貌和风土人情，将历史文化村镇建设成原本的样子。这意味着规划者需要以谨慎的态度对

待乡村景观的改造，注重保护原有的自然与人文景观，避免简单地按照设计者的构想进行大规模改造，而是应该在保留乡村的原生态基础上进行细致的修缮和恢复，以实现乡村景观的可持续发展。

综上所述，乡村景观规划应该注重整体性、历史文化保护和与当地环境的融合，以塑造出具有形式美的乡村景观。

（二）内涵美

乡村景观规划中的内涵美体现了对当地历史文化和传统的尊重，以及对乡村生活的深刻理解。

首先，挖掘乡村的原始积淀是实现内涵美的关键。这种原始积淀来源于乡村居民漫长的生活历程，渗透着乡村的文化、历史，有着浓郁的人情风俗。乡村景观规划应当注重挖掘和展现这些历史文化元素，让乡村景观承载起丰富的文化内涵。

其次，设计要围绕当地的主题与文化展开。每一处景观细节都应该反映乡村的历史、传统和文化特色，从一块砖瓦到一条坡道，都应该承载着乡村的故事和情感。通过对当地主题与文化的深入挖掘和展现，乡村景观才能呈现出真正独具特色的内涵美。

最后，实现内涵美要让乡村居民真正产生对家园的归属感和自豪感。当乡村景观通过展现其独特的文化内涵和历史传承，让居民感受到家园的独特之处时，他们将会对这片土地产生更深的情感联接，进而产生对家园的自豪感和归属感。这种情感体验将激发居民对乡村美好未来的向往，促进乡村社区的稳固和发展。

综上所述，乡村景观规划要注重挖掘和展现当地的历史文化内涵，围绕当地主题与文化展开设计，让居民真正感受到家园的独特魅力和内涵美，从而促进乡村的可持续发展。

（三）生态美

乡村景观规划中的生态美是至关重要的，它体现了对环境的尊重和保护，以及对人与自然和谐共生的理念。

首先，生态美要求最大程度地减少人为设计对环境的干扰，呈现出自然环境的原生态美。在乡村景观规划中，我们应当考虑地形、气候、水源等多方面因素，合理选择村镇的选址，同时在规划过程中保留和保护现有的自然生态景观，尽可能减少对环境的破坏。

其次，生态美体现在水土植物的保护与合理利用上。保护水资源、保护土壤、合理利用植被资源是乡村生态美的重要组成部分。对于当地的水源、土壤和植被资源，需要进行科学合理的规划和管理，确保其生态系统的健康稳定，同时满足当地居民的生活需求。

最后，在村镇民居组织形式和建材选择上也应体现生态美的理念。选择当地的自然材料作为建筑材料，可以更好地融入当地的自然环境中，减少对生态环境的破坏。在民居建筑设计中，应考虑与自然环境的和谐共生，采用符合生态原则的设计和建造方式，使建筑与自然环境相辅相成，实现人居环境的舒适与生态的和谐。

综上所述，乡村景观规划中的生态美要求我们在设计过程中充分考虑环境保护和生态平衡，尊重自然、保护生态，以实现人与自然和谐共生，打造具有生态美的文化村镇景观。

三、生态环境美学对构建美丽乡村的指导性作用

（一）尊重、契合、功能性

乡村景观规划的三个重要方面，即尊重、契合和功能性，是在环境美学的理论框架下提炼出来的。它们在美丽乡村建设中具有指导性的作用。

首先是尊重，即对乡村的地域性特征和居民的情感需求进行充分考虑。每个乡村都有独特的历史、文化和地理环境，因此在乡村建设中，需要尊重并保留这些独特之处。这包括尊重乡村的历史、文化传统，以及保护和传承乡村的自然景观，从而构建出完美而和谐的山水乡村。

其次是契合，即在外来者和内在者之间实现完美的衔接和契合。外来者通常是指外来旅游者，本土则是长期生活在乡村的当地居民。在美丽乡村建设中，需要考虑这两者的审美心理和情感需求，使外在形式与内在情感得以契合。这意味着要在乡村的外在形式中体现出乡村的内在文化和情感，使得外来旅游者和当地居民都能够在乡村中感受到不同的韵味和意境。

最后是功能性，即乡村景观的实用性和经济效益。乡村景观规划需要考虑乡村的功能需求，使其形式服从于功能。这包括对乡村的农业景观进行改造，以满足现代人的审美需求并适应其生活方式。同时，乡村景观规划也需要兼顾乡村的经济效益，促进乡村的可持续发展。

综上所述，乡村景观规划需要在尊重、契合和功能性三个方面进行综合考虑，以实现乡村的美丽与和谐。这不仅能够满足人们对美好生活的向往，也能够促进乡村的经济发展和社会进步。

（二）注重乡村环境的整体性

乡村环境的整体性在美丽乡村建设中具有关键性意义。在环境美学的观点下，自然是美的，乡村作为自然的一部分，也承载着自然之美。因此，审视乡村之美需要从整体性出发，将乡村的各个部分联系起来，共同营造出乡村的整体美。

乡村美并不仅仅指某一处景观的美丽，而是通过各种元素相互联系，共同构成的整体美。这种整体性的美，其前提是乡村生态的平衡。生态平衡不仅体现了生物之间、人与自然之间的和谐关系，也是乡村美的基础。

在乡村美的建设中，生态、人文、社会等多个方面都需要考虑。生态美体现了乡村生态系统的健康和平衡，人文美则表现为乡村的民俗风情和文化传承，社会美则涉及人与人之间的交往和互助。这些因素共同构成了乡村的整体美。

自然之美是乡村美的重要组成部分，而保护和尊重自然的美是乡村建设的重要任务之一。乡村美的实现需要在保护自然的基础上，通过合理规划和管理，打造出符合乡村整体氛围的景观和环境。

因此，乡村美的建设需要综合考虑各种因素，从整体性的角度出发，实现乡村环境的和谐与美丽。这不仅有助于提升乡村居民的生活质量，也能够吸引外来游客，促进乡村的可持续发展。

（三）注重培育家园感

家园感是乡村建设中至关重要的一个方面。回到家乡，人们能够感受到心灵的归属和安宁，释放心灵的尘埃。在环境美学的理论中，家园感被视为环境美的一个根本性质，它体现了人类对于环境的认同和依恋。乡村的美丽与家园感息息相关，它不仅包括了环境的文明性、生态性和宜人性，更重要的是体现在人们对家乡的情感连接和依恋之中。

家园情怀是人类最为本质的情感之一。它表现在对自然和社会的依恋，对祖国和民族、故乡与亲人的眷恋，以及对于自然的依存和敬畏。乡村建设需要尊重乡民们的情感需求，为他们营造出一个能够满足心灵依托的家园。在这个过程中，乡村的自然环境、社会文化和人文历史都扮演着重要角色。

乡村并不是落后和贫穷的代名词，而是承载着乡情、人情和温情的地方。乡村建设不应简单地模仿城市的发展轨迹，而是要尊重乡村的本质和特色，满足乡民们的家园情怀。

建设美丽乡村，培育家园情怀，需要综合考虑所有人的需求，让每个人都能够在乡村中找到归属感和认同感。这种家园情怀并不仅仅体现在美丽的风景线上，更多的是体现在乡村生活的细节和情感联系中。只有在满足乡民们的内在情感需求的基础上，乡村建设才能真正实现其目标，成为人们心中的理想家园。

第三节　乡村生态环境美学建构的路径

一、乡村生态环境美学的体系建构

乡村生态环境美学的体系建构是基于对乡村环境的本质和特性的认知，强调了审美对象的本质对审美鉴赏的支配作用。这意味着人们的审美体验受到乡村环境本身特性的影响，而不仅仅是个人主观感受的结果。

卡尔松的美学观点为乡村生态环境美学的体系建构提供了重要的指导。他强调审美体验的客观性和科学性，美学对象的美是客观存在的，受到其自身属性的支配。因此，在构建乡村生态环境美学的体系时，需要以科学主义的方法来探究乡村环境美的本质和规律。

结合中国传统生态智慧，可以进一步完善乡村生态环境美学的体系。中国传统生态智慧强调人与自然的和谐相处，以及人类与环境的有机联系和互动关系。这种智慧提醒我们在审美乡村环境时更要注重与自然的和谐，以及人类与环境之间的相互影响。在这一基础上，可以更好地理解和把握乡村环境美的内涵和特点。

（一）环境美学的客观主义

乡村生态环境美学的体系建构应该基于客观主义的观点，强调对乡村环境本质的尊重和理解，以及主体对环境的谦卑态度和非主观性的鉴赏方式。

首先，乡村生态环境美学的客观主义意味着主体必须尊重和理解乡村环境的本质。乡村环境是一个复杂的生态系统，包含了自然景观、人类活动、社会文化等多个方面。主体不能简单地将乡村环境视为自己的资源和工具，而应该从整体的角度去理解和欣赏它的独特之处，尊重其自然属性和生态功能。

其次，主体在鉴赏乡村生态环境时应表现出一种谦卑的姿态。乡村环境是自然和人类活动的结合体，主体应该意识到自己与环境的相互依存关系，不应该将自己放在高高在上的地位。相反，主体应该谦虚地面对环境，尊重其自然规律和生态平衡，以平等和谐的态度去与之相处。

最后，乡村生态环境美学的体系建构需要强调鉴赏的非主观性。主体的审美体验应该基于对环境本身特性的客观理解，而不是个人主观感受的结果。因此，乡村生态环境美学的体系应该建立在科学的基础上，通过客观地观察和分析来理解乡村环境的美和价值。

综上所述，乡村生态环境美学的体系建构应该以客观主义为基础，强调对乡村环境本质的尊重和理解，以及主体对环境的谦卑态度和非主观性的鉴赏方式。这样的体系可以更好地促进人与环境的和谐发展，为乡村生态环境的保护和发展提供科学的指导和支持。

（二）科学主义审美

乡村生态环境美学的体系建构应基于科学主义审美的观点，包括科学认知主义和功能主义两个方面。

首先，科学认知主义要求我们通过科学的方法来了解和欣赏乡村生态环境。这意味着我们需要借助生态学、地理学、气象学等相关科学知识，对乡村环境的结构、功能和相互关系进行深入研究和理解。通过科学认知，我们能够更清晰地认识到乡村生态环境的复杂性和独特之处，从而更好地欣赏其美和价值。

其次，功能主义要求我们从功能的角度去思考和评价乡村生态环境的美学价值。乡村生态环境不仅仅是一种自然景观，更是人类活动和社会文化的结合体。因此，我们需要考虑乡村环境在生产、生活、文化传承等方面的功能，并将这些功能纳入对其美学价值的评判中。例如，在欣赏乡村景观时，我们不仅可以从自然美的角度出发，还可以考虑农业生产的效率和可持续性，以及乡村社区的文化传统和人文氛围等方面。

最后，乡村生态环境美学的体系建构还应该考虑环境与人的关系。乡村生态环境不仅是一种客观存在，也是人类生活和活动的场所。因此，在欣赏乡村环境时，我们需要考虑人类的需求和情感，以及环境对人类生活和健康的影响。这种对人与环境关系的综合考量，有助于我们更全面地理解和欣赏乡村生态环境的美学价值。

综上所述，乡村生态环境美学的体系建构应借鉴科学主义审美的观点，既要通过科学认知来深入了解和欣赏环境的复杂性和独特之处，又要从功能的角度考量环境的美学价值，并综合考虑环境与人的关系。这样的体系能够更好地指导我们对乡村生态环境的保护、改善和发展，促进人与环境的和谐共生。

（三）对科学主义审美的反思

乡村生态环境美学的体系建构需要对科学主义审美进行反思和补充，以更全面地理解和欣赏乡村环境的美学价值。

首先，要超越主客二分的思想，重新审视人与自然的关系。在乡村生态环境中，人类与自然是相互依存、相互影响的关系。我们不能简单地将自然环境视为客观的客体，而应该将人类视为环境的一部分，认识到人类活动对自然环境的塑造和影响。这种新的视角能够帮助我们更好地理解和欣赏乡村生态环境的美。

其次，要强调审美的主体性和情感性。科学主义审美强调对环境的客观认知和功能性评价，但这并不意味着我们应该忽视审美的主体情感和体验。在欣赏乡村生态环境时，我们应该关注个体的情感体验和情感连接，将个人的情感和情绪纳入环境美学的考量中。这种主体性的审美视角能够使乡村环境的美更加丰富和多样化。

最后，要重视形式主义美学在乡村生态环境中的意义。虽然科学主义审美强调环境的本质和功能性，但我们也不能忽视环境的形式特质对审美体验的影响。乡村生态环境的形式美，如田园风光、古老村落的建筑风格等，都是对审美者情感的直接触发和引导。因此，在建构乡村生态环境美学体系时，我们需要综合考虑环境的形式美和功能美，以及个体的情感体验，实现对环境美的更全面和丰富的理解和欣赏。

综上所述，乡村生态环境美学的体系建构需要在科学主义审美的基础上进行反思和补充，强调人与自然的相互关系、审美的主体性和情感性，以及形式主义美学在环境美学中的重要性。这样的体系能够更好地指导我们对乡村生态环境的欣赏和保护，促进人与环境的和谐共生。

二、守护乡村的根脉，构建具有历史底蕴的乡村社会生态美

在当代中国，乡村社会生态美的构建已经成为一项重要任务，而其中守护乡村的根脉则是具有历史底蕴的乡村社会生态美的关键所在。

乡村作为中国社会的重要组成部分，承载着丰富的历史文化遗产和人文精神。因此，在乡村建设和保护中，传统因素的保留和传承至关重要。以浙江桐庐的深澳古村为例，这里的古建筑和老街，凝聚了当地乡民的智慧，是乡村历史文化的生动见证。通过保护和修缮古建筑，将古村落打造成具有特色的乡村旅游景点，不仅使得乡村的历史底蕴得以展现，

同时也为当地经济发展带来了新的机遇。

在保护传统的同时，乡村建设也需要与时俱进，适应现代社会的需求。例如，浙江狄蒲村依托传统建筑打造现代休闲场所，结合传统文化和现代生活方式，为乡村注入了新的活力。这种融合传统与现代的方式，不仅延续了乡村的历史文化，也为乡村的可持续发展提供了新的思路。

在乡村社会生态美的构建中，对于文化遗产的保护和利用也至关重要。例如，南宁忠良村的土改文化展示馆、广西南宁武鸣的伏唐村博物馆，都是通过保留古建筑和古物件，展示乡村历史文化，让乡民有机会重新认识和感受自己的文化根脉。这种对文化遗产的重视，不仅有助于增强乡村的凝聚力和认同感，也有助于推动乡村的文化旅游产业发展。

综上所述，守护乡村的根脉，构建具有历史底蕴的乡村社会生态美，需要在传统与现代之间找到平衡，保留传统文化遗产的同时，注入新的活力和创意，为乡村的可持续发展注入新的动力。这样的乡村建设模式不仅可以提升乡村的生态美和人文魅力，也能够促进当地经济的繁荣和社会的和谐稳定。

三、坚守乡村本色，建构具有在地性的乡村社会生态美

在乡村社会生态美的建构过程中，坚守乡村的本色意味着更加注重在地性，即立足于当地的实际情况和特色，将乡村的独特魅力和历史底蕴体现出来。

首先，要突出乡村的地域性特色。每个乡村都有其独特的自然环境、人文历史和社会文化，因此，在乡村社会生态美的建设中，应当充分挖掘和利用当地的地域资源和文化底蕴，打造具有本地特色的乡村景观。例如，在广西南宁西乡塘区和江西婺源等地，利用当地的地理位置、自然景观和传统文化，打造了具有独特魅力的乡村景观，吸引了大量游客前来观赏和体验。

其次，要注重乡村景观的可辨识性。在乡村社会生态美的建设中，应当通过符号化的方式，将当地的地域特色和文化内涵传达给人们，使得乡村景观具有明显的辨识度。例如，在乡村的入口、公共空间和道路节点设置特色的乡村导视类景观小品，如村落特色门牌、竹制小路灯等，这些景观小品不仅具有实用功能，还能够展示乡村的独特魅力和在地性特色。

最后，要注重乡村景观的艺术性和文化内涵。乡村的建筑景观和人造自然景观应当具有丰富的艺术性和文化内涵，通过设计和布局，体现乡村的历史传统和地域文化。例如，在乡村的建筑风格和景观设计中融入当地的传统文化元素和民俗风情，使得乡村景观更加具有魅力和吸引力。

综上所述，坚守乡村的本色，建构具有在地性的乡村社会生态美，需要充分挖掘和利用当地的地域资源和文化底蕴，注重景观的可辨识性和艺术性，打造具有独特魅力和历史底蕴的乡村景观，从而实现乡村社会生态美的全面提升。

四、坚持绿色发展，构建具有生态底蕴的乡村社会生态美

坚持绿色发展，构建具有生态底蕴的乡村社会生态美，意味着在乡村建设中将生态环境保护与经济发展相结合，实现经济、社会和环境的协调发展。

首先，乡村的绿色发展需要促进生产方式的生态化转变。这包括采取环保的农业生产方式，减少化肥农药的使用，推广有机农业和生态农业，以保护农田生态环境。乡村可以将农业产业与旅游业相结合，将农村的自然风光和文化遗产作为旅游资源，实现农村经济的多元化发展。

其次，乡民的生活方式需要进行生态化转变。这意味着乡村居民要树立环保意识，减少能源消耗和环境污染，推广节能环保的生活方式，如减少用水、垃圾分类、推广可再生能源等。乡村的生态文化底蕴也应得到充分地重视和传承，这不仅包括对传统生态文化的保护和传承，还包括对当地自然环境和资源的尊重和保护。

最后，在乡村建设中，要根据乡村的地理环境、文化传统和资源禀赋，制定符合当地实际情况的发展规划和政策措施，推动乡村绿色发展。同时，要加强对乡村社会生态美的宣传和教育，增强居民的环保意识和素养，形成全社会共同参与、共同建设的良好氛围。

综上所述，坚持绿色发展，构建具有生态底蕴的乡村社会生态美，既是对乡村环境的保护，也是对乡村经济社会可持续发展的重要保障。只有在绿水青山的基础上实现乡村的繁荣与美丽，才能实现人与自然的和谐共生，为子孙后代留下更美好的家园。

第二章 乡村景观的理论阐释与动态发展

第一节 乡村景观的概念

一、景观与农村景观

在学术界，景观被视为一个复杂的地理实体，由各种地貌、自然要素、人类活动和文化因素组成，具有明显的视觉特征和空间表现形式。景观不仅仅是单纯的自然或生态现象，也反映了人类对土地、城市的态度以及自然和人类的相互关系。它是一个中间尺度的空间载体，兼具经济、生态和美学的价值。

农村景观是指农村地域内的风景和景色，以农村的自然环境、生产活动和居住环境为特征。农村景观包括了自然景观、生产景观和人文景观，展现了农村地区的田园风光和生产活动的情景。自然景观反映了农村地貌、水系、植被等自然特征，生产景观展现了农田、果园、畜牧场等生产要素，而人文景观则承载了农村的历史、文化和社会生活的痕迹。

因此，农村景观不仅是地理空间的自然景象，也是人类活动和文化传承的表现，具有丰富的生态、历史和审美价值。对农村景观的研究和保护有助于理解和保护农村环境、推动乡村振兴，也为人类与自然和谐相处提供了重要的思考和借鉴。

二、农村景观构成分类

（一）自然景观

自然景观是农村地区中由自然形成的具有观赏性的景象。这些景象包括了地貌特征如山、丘、河流、湖泊、湿地等，以及自然现象如四季变化、气候条件、植被覆盖、水体流动、天空云彩等。自然景观还包括了人类通过农业生产形成的第二自然景象，如农田、果园、种植园等。这些景观反映了农村地区的自然环境和自然资源的分布状况，具有重要的生态和美学价值。

（二）人工景观

人工景观是由人类活动所造成的人工构筑物和设施，包括建筑物、道路、桥梁、水利工程、商业街、集市、公共设施等。这些人工景观不仅为农村地区提供了基础设施和生活便利，也在一定程度上改变了农村地貌，并丰富了农村的视觉体验。人工景观反映了人类的生产活动和生活水平，同时也对农村地区的社会经济发展起到了重要的支撑作用。

（三）人文景观

农村地区的人文景观是其地域特色和文化内涵的集中体现。这些景观反映了当地的历史、传统、生活习惯和宗教信仰等方面的文化特征。这些景象包括了寺庙、宗教建筑、传统建筑形式、集市、民俗活动、婚丧礼仪等。人文景观承载了人类文化的传承和演变，反映了农村社会的文化底蕴和人们的生活方式，具有深厚的历史和人文价值。

综上所述，农村景观的构成包括了自然景观、人工景观和人文景观三个方面，这些景观相互交织、相互影响，共同构成了农村地区独特而丰富的景观特色。对农村景观的认识和保护有助于传承和弘扬当地的历史文化，推动乡村振兴，提升农村居民的生活品质和幸福感。

三、农村景观设计的意义

（一）保护生态景观，保障农产品安全

农村景观设计的首要任务之一是保护好农村的生态环境。农村地区是粮食和农产品的主要生产基地，其生态环境的健康与否直接关系到人类的生存和健康。通过科学的景观设计，可以保护农村的自然景观和生态系统，维护土地的肥沃和水资源的清洁，从而保障农产品的质量和安全，确保人们的饮食安全。

（二）利用景观资源，促进农村经济发展

农村景观设计不仅仅是保护自然环境，更重要的是发挥景观资源的经济潜力，促进农村经济的发展。通过合理利用农村的自然景观和人文景观，可以开发农村旅游业，吸引城市游客，增加农民收入。农村景观设计也可以提升农产品的附加值，推动农村产业升级，促进农村经济的可持续发展。

（三）提升农民生活品质，促进农村社会发展

农村景观设计不仅仅是为了经济利益，更重要的是为了提升农民的生活品质和幸福感。通过改善农村的生态环境、美化农村的村落景观，可以提升农民的生活环境，增强他们的获得感和归属感。农村景观设计也可以带动农村社会的发展，促进农村的文明建设和社会进步。

综上所述，农村景观设计在保护生态环境、促进农村经济发展、促

进城乡交流和提升农民生活品质等方面具有重要的意义。通过科学的景观规划和设计，可以实现农村的可持续发展，为建设美丽乡村、实现乡村振兴注入新的活力。

第二节　乡村景观的理念与功能

一、乡村景观设计理念

（一）保护生态环境的设计理念

在城市现代化的背景下，城市污染问题日益严重，部分污染源不得不向农村地区转移。农村作为污染转移的目的地，引发了原本良好的生态环境遭受严重破坏的问题。这种现象不仅威胁着当地村民的健康与生命安全，还对农村生产基地的安全格局构成了严重挑战。在这种背景下，农村景观设计理念应当着眼于维护生态过程的健康基地，即土地和河流等关键的生态要素。这些要素的连续性和完整性构成了农村生态安全的基础设施，被称为生态安全格局。这一格局涵盖了不同尺度上的生态安全格局，包括国土、区域和乡村的生态安全格局，共同构建了保障国土生态安全和健康的生态基础设施。因此，农村景观设计的重要理念之一就是确保人与土地之间的和谐共生，保护农村的生态环境，特别是确保农村土地作为安全食粮的生产基地的安全性。处理好"土地与人"的关系不仅是农村景观设计的要务，更是涉及人类生存与发展的关键性问题。

（二）宣扬地域特色的设计理念

在农村景观设计中，宣扬地域特色的设计理念强调了对当地乡土文化的传承与发扬。农村作为文化传统与生态环境相互交融的场所，其自然山水结构、生产生态环境以及乡土聚落等元素都承载着丰富的地域文化内涵。

农村景观中的地域特色反映在自然村落、生产生活用具、服饰服饰、民俗民艺等方面，展现了当地人民生产生活和精神生活的特色与风情。这些地域文化元素不仅体现在物质层面，更深层次地凝聚在农村的建筑形态、空间环境以及自然景观之中。农村景观设计理念的核心在于通过突出地域特色，传承和发展乡土文化，弘扬历史文化，丰富人们的精神生活。

农村的乡土文化代表了劳动人民的智慧和精神追求，是地域的魂魄，是农村景观的重要构成要素。因此，在农村景观设计中，应该重视并充分挖掘地域特色，将其融入景观设计中，以丰富景观内涵，增强景观的地域性和文化传承性。通过宣传地域特色，可以使农村景观更加突出其独特的地域文化魅力，同时也为当地社区和居民提供了身份认同感和归属感。

（三）尊重农村生活的设计理念

在农村景观设计中，尊重农村生活的设计理念突显了设计应以人为本的原则，将人类生产生活的需求与实际情境紧密结合，以确保设计的实用性与可持续性。规划与设计应当视为人性的体验，反映人类生活的活生生、真实的体验。在农村景观设计中，景观被认为是行为的容器，只有能够满足行为需要的景观才具有真正的价值和生命力。因此，农村景观设计必须以农村居民的生产生活需求为出发点，注重设计的实际应用性与适用性。

然而，实践中存在将城市花园别墅模式直接搬入农村的现象，未充分考虑实际情况，结果导致农民的实际生产生活需求无法得到满足。这种盲目追求城市化的设计方式，导致农民生产生活的便利性受到影响，甚至出现了一些荒诞的现象，如农民扛着锄头进电梯等。这种不顾农村环境、农业生产、农民生活特殊需要的设计行为，严重破坏了农村生产生活的生态环境，阻碍了农村农业发展的进程。

因此，尊重农村生活的设计理念强调了设计过程中对实际情况的深入调查研究，以解决农村面临的实际问题。设计师必须熟悉并了解农村环境、农业生产和农民生活，才能提供符合实际需求的景观设计方案。保护自然村落和农田，维护农村生产生活的生态环境和生产体系，是农村景观规划设计的关键所在。设计师在进行农村景观设计时，必须以人为本，注重实际情况的调查研究，为农民提供更好的生产生活环境，促进农村的可持续发展。

（四）促进农村经济发展的设计理念

在农村景观设计中，促进农村经济发展是一项重要的设计理念，其核心在于在保护农村生态环境的前提下，积极利用当地资源，为农村提供科学、便捷的生产生活环境，推动绿色农产品生产、加强城乡交流、发展农产品深加工等措施，从而促进城乡经济和谐发展。农村景观设计应当立足于保护生态环境、挖掘当地资源优势，着力于构建以农村旅游业为特色的产业体系，以实现乡村经济的可持续发展。

近年来，农村生态旅游业的迅速发展为提高农民收入、促进农村经济繁荣提供了新的机遇。乡村旅游业具有广阔的市场前景，并可带来丰富的经济、社会、生态效益。其设计应以生态环保为前提，开发多样化的生态旅游项目，充分利用农村资源，如田园风光、农事生产活动等，为农民创造双重收入。通过系统开发与建设乡村旅游业，不仅可以提供就业机会，还有助于转移农村剩余劳动力，带动农村经济的发展。

农村景观设计的多样化功能定位，包括观光、休闲、教育、劳作、体验、休养、娱乐等，是促进农村经济多样化发展与增强经济实力的有效途径。乡村景观设计的成功与否关键在于发挥农村的地域特色，打造能够吸引城市人群的景观环境，从而实现城乡经济的互动共赢。在设计理念方面，必须在保护生态环境的基础上，有效利用农村资源，推动农村的可持续发展。因此，农村生态旅游业的发展不仅仅是一种商业模式，更是一种可持续发展的路径，它为农村经济的转型升级提供了新的契机，同时也为城乡之间的经济互动和资源共享搭建了桥梁。

（五）契合当代人性化的要求

乡村景观设计的成功与否在很大程度上取决于设计者是否能够深入了解并满足用户的需求，设计者往往忽视了用户的实际需求，导致设计方案与用户期望存在较大差异，甚至被用户排斥和拒绝。

乡村景观设计的过程应该与当地居民进行情感和文化交流，深入了解乡土文化、体验乡村生活，以此为基础进行设计。设计者需要关注人的需求和体验，从几千年的乡村地域文化中汲取智慧，将其融入景观设计中。

乡村景观设计需要立足于改善现实，体现当代人的追求，打造丰富多样的生活空间。设计者应站在高处，放眼远方，细致入微地考虑人的体验与感受，以此营造宜人的空间体验。

综上所述，乡村景观设计的学术性表述强调了设计者需要深入了解和满足用户需求，以人为本，注重人的体验和感受，打造具有时代精神的生活空间。

（六）立足乡村生态环境保护

在中国景观生态学研究的发展历程中，20 世纪 80 年代是一个标志性的起源性的节点。生态学理论认为，景观是由多个不同生态系统构成的复合体，其中各生态系统被视为景观的基本构成单元。这些基本单元可分为板块、廊道和基质三种类型。景观设计的目的在于解决人与土地之间和谐共生的问题，这对于乡村生态环境的保护和生产安全的维护至关重要。

当前，由于产业转移的需要，大量城市中的污染工厂转移到农村，利用农村的闲置土地和廉价劳动力。然而，一些落后的乡村为了追求经济利益，忽视了环境保护，给农业生产安全带来了极大的隐患，直接威胁到人民的生存安全。

中国传统的天人合一思想将环境视为一个有机的生命体，强调人与自然的和谐共生。然而，工业革命以后，西方世界逐渐意识到环境破坏的影响，纷纷出台政策法规来规范乡村建设，保护生态环境。例如，美国在房屋建设审批过程中充分利用表层土壤，并在建设完成后将表层土还原到其他建设区域，以减少资源浪费。英国政府则对农民保护生态环境的经营活动给予补贴，鼓励农业生产的可持续发展。农场主在经营土地时需要遵守环境管理规定，保护农田边缘的生态环境，为野生动植物提供栖息地。

乡村生态环境保护已经成为当前乡村发展的重要趋势。通过科学的生态环境管理和保护措施，不仅可以提高乡村生产安全，还能为乡村发展带来更多机遇，为城市提供更多安全的产品。

（七）以差异化设计突出地域特征

城乡景观的差异性是多方面因素的综合体现，不同地域的乡村景观都具有独特的特色。这些特征包括自然风貌、生产景观、人文历史等方面的表现，对于吸引城市游客和维护当地文化传承都具有重要意义。然而，随着全球化和城市化进程的加速，城乡之间的差异正在逐渐缩小，乡村居民对于城市生活的向往导致了传统文化的消失和地域特色的淡化。

然而，现代化与传统并非对立的关系，而是可以相辅相成的。以浙江乌镇为例，其拥有丰富的历史文化积淀和典型的江南水乡特色。2014年首届世界互联网大会在乌镇举办，成功地将现代科技与传统文化相结合，凸显了乌镇独特的地域特色，并为地方经济发展带来了新的机遇。

以云南剑川沙溪为例，作为一个贫困乡镇，沙溪通过与瑞士联邦理工大学的合作开展"沙溪复兴工程"，通过制定保护与发展规划，试图实现乡村的可持续发展。这种以历史文化保护和地域特色发展为核心的复兴模式，旨在在维护地域特色的基础上，推动乡村的经济、社会和生态可持续发展。

因此，以差异化设计突出地域特征，不仅有助于保护和传承乡村的历史文化，也能够为当地经济的发展和提升提供有益支持。通过兼顾历史传承与现代发展，营造具有地域特色和人文环境的乡村景观，才能真正实现乡村的可持续发展和提升。

（八）作为城市景观设计的参考

乡村景观作为自然和人类活动相互交融的产物，其长期发展所沉淀的景观艺术形式具有丰富的内涵和独特的表现方式，为城市景观设计提供了宝贵的参考。乡村景观所呈现的空间体验更具亲和力，其自然的肌理质感和设计材料在现代城市景观设计中具有重要价值。城市景观设计师可以借鉴乡村景观中的图案符号、建筑纹饰、砌筑方式等元素，以丰富城市景观的表现形式。

例如，美的总部大楼景观设计中运用了乡村景观的桑基鱼塘肌理，通过现代景观彰显珠江三角洲农业特色，唤起了人们对乡村历史的回忆。本地材料与植物也是表达地域文化的有效设计元素。在浙江金华浦江县的母亲河浦阳江生态廊道设计中，设计师充分保留了当地的乡土植被，选择了生命力旺盛、易于维护的草本植被，以及价格低廉、易于撒播的野花组合，体现了对地域特色和生态环境的尊重。

因此，现代城市景观设计中的就地取材、运用乡土材料等做法不仅经济环保，还能体现出时间感和地域特色，使城市景观更具个性化和地域性。通过借鉴乡村景观的设计元素，城市景观可以更好地融入当地文化和历史，为城市居民提供更丰富、更具有人文气息的生活环境。

（九）营造生产与生活一体化的乡村景观

当前，传统村落的衰落与消亡在很大程度上受到全球化进程的影响。随着科技和社会结构的变革，传统生产与生活方式逐渐失去了惯性，这导致了传统乡村的衰亡。吴良镛院士指出，聚落中已经形成的有价值的元素可以延缓聚落衰亡。俞孔坚教授则认为景观设计学源于祖先在生存过程中积累的各种生存艺术，这些艺术是对环境适应的结晶，来自对各种自然环境的探索与利用。因此，乡村景观作为和谐的农业生产与生活系统的产物，承载着丰富的生存智慧和文化内涵，具有重要的历史和文化价值。

现代中国农业面临着独特的发展挑战，无法简单地复制西方国家的商业化农业模式或补贴式农业模式。胡必亮提出了中国农业双轨发展的理念，即在借鉴西方国家发展模式的同时，进行制度创新，促进小农家庭农业与国有、集体农场经济的相互并行发展。在国家积极推进土地制度改革的背景下，未来的乡村景观将不同于传统模式，可能呈现出更加多元化和适应性强的特征。

乡村景观设计者面临着挑战与机遇并存的局面，他们需要在传统文化的基础上创新，寻找适合当代生活和发展需要的设计方向。因此，乡村景观的营造需要结合传统文化与现代生活的融合，以科学合理地利用土地资源，促进农业经济发展，提升乡村生活品质，同时推动乡村旅游业的发展，实现乡村经济的繁荣与可持续发展。

二、乡村景观研究的功能

（一）乡村景观的生产功能

乡村农业景观作为乡村景观的主要组成部分，具有重要的生产功能。其正向物质生产表现为通过农用土地的合理利用，提高土地的生产力，从而实现作物产量的增加，满足人类日益增长的需求。农业景观的正向物质生产能力可以通过农作物的生产潜力来衡量，即光合潜力、光温潜力、气候潜力和土地潜力。随着现代化集约经营的发展，负向物质生产也日益凸显，大量的化肥和农药的使用导致土地的退化和周围环境的污染。

乡村自然景观的生产功能主要体现在其自然植被的生产能力上，而这一生产能力主要以净第一性生产力（NPP）为指标。NPP是绿色植物在单位时间和单位面积上所能累积的有机干物质，包括植物的枝、叶、根等生产量，以及植物枯落部分的数量。乡村自然景观通过自然植被的生长，为生态系统提供能量和养分，维持生态平衡，同时也为人类提供了生态服务，如空气净化、水源涵养等。

综上所述，要努力使乡村景观的生产功能既体现在农业景观的作物产量增加和自然景观的植被生产力上，但也需要警惕负向物质生产所带来的环境问题，从而实现可持续的乡村发展。

（二）乡村景观的生态功能

生物、火、水、气体、土在景观移动形成流，流可以在景观中积聚、扩散和通过，不同的流动方式给景观带来不同的影响。[①]

首先，乡村景观对（气、物、能）流的传输具有阻碍作用，即景观阻力。景观结构特征会影响（气、物、能）流的速度和方向，如防护林会改变风的流向和速度。这种阻碍源于景观要素的不连续性，并与景观要素的适宜性和长度有关。生物物种对景观的利用也必须克服景观阻力，这种阻力可以通过潜在表面或趋势表面来量化。

其次，乡村景观与能（量）流、物（质）流的互动密切相关。生物、火、水、气体、土在景观中形成各种流动，这些流动会对景观产生影响。例如，植物的定植可以增加景观的郁闭度和生产力，而大型哺乳动物群的行动则可能破坏植被、改变生态系统。不同类型的流动方式可以塑造或破坏景观，对景观的功能和稳定性产生影响。

最后，现代社会人工形成的能流和物流也对乡村景观产生了重要影响。这些人为流动不仅推动了文明社会的发展，还带来了一些负面效应，如固体废弃物对环境的污染问题。因此，在保持乡村景观生态功能的同时，应注意控制和治理人为流动，以保护乡村生态环境的健康和稳定。

（三）乡村景观的美学功能

乡村文化景观作为历史的见证，提供了丰富的历史信息，成为研究历史的重要材料。通过保留和开发乡村文化景观，可以提高其作为旅游资源的价值，吸引更多游客，从而促进当地经济的发展。乡村文化景观的存在也丰富了世界景观的多样性，为人类美学视野的扩展作出了贡献。

---

①郭雨，梅雨，杨丹晨.乡村景观规划设计创新研究［M］.北京：应急管理出版社，2020.

乡村自然景观作为经过长时间演化形成的自然景观客体，具有独特的美学价值。自然景观的结构最为有序，与周围环境形成鲜明对比，吸引着人们的目光。其特有的形态和结构特征使之成为吸引人们的焦点，唤起人们追求自然美的欲望。任何一种自然景观都蕴含着美学的潜在功能，只要能够与人的感知和文化需求相契合，就能够充分展现其美学魅力。

因此，保护和开发乡村景观的美学功能对于促进乡村旅游业的发展、丰富人们的生活体验、满足人们对自然美的追求具有重要意义。要实现这一目标，需要深入了解乡村景观的特点和潜在价值，采取适当的措施以保护和利用乡村文化和自然景观资源，使之成为人们休闲旅游、文化体验的重要场所。

第三节　乡村景观的构成要素

中国作为农业大国，其农民人口占据着绝大多数。这一庞大的农民群体在广袤的农村地区有着悠久的农耕历史。这些农村地区不仅覆盖面积广阔，而且承载着丰富的文化遗产和历史记忆。农村景观是这一历史的见证者，它反映了农民祖先的择居、开荒、耕作、养殖等劳动，同时也承载了自然、岁月、历史和文化的痕迹。

农村景观是一个复杂的整体，由自然景观、生产景观和人文景观三者相互依赖、相互影响而构成。自然景观包括山川、水流、植被等元素，直接影响着农村的生态环境和资源分布；生产景观是农民日常劳作的产物，如稻田、麦田、果园、养殖场等，它们反映了农业生产的形态和规模；人文景观则是由人类活动所创造的，如古老的村落、庙宇、祠堂等建筑，以及与之相关的传统习俗、民间信仰等。这三者相互交织，共同构成了丰富多彩的农村景观。农村景观的特色体现在多个方面。首先是建筑形态，不同地区的农村建筑风格各异，有的是青砖灰瓦的古朴风格，有的是木结构的传统建筑，而有的则融合了现代元素。其次是材料的选择，农村建筑常常采用当地的自然材料，如土坯、石头、木材等，这不仅符合环保理念，也使建筑更具特色。装饰也是农村景观的一大亮点，如雕花、壁画、剪纸等传统手艺在农村建筑中得到了充分体现，展现了浓厚的民俗文化氛围。这些特色赋予了农村景观观赏和体验的价值，吸引了众多游客和摄影爱好者前来探寻。

虽然不同地区的农村景观特色存在一定差异，但它们都由自然景观、生产景观和聚落景观三要素构成。无论是北方的黄土高原，南方的水乡风情，还是西部的辽阔草原，都能在农村景观中找到这三个要素的身影。这种多样性不仅丰富了中国的农村旅游资源，也反映了中国农业文化的博大精深。

一、农村的自然景观

农村自然景观是一个综合体，其形成受多种要素的影响。它的组成要素包括山体、平原、丘陵、河川、沼泽、湿地、森林以及各种野生动植物。这些要素共同构成了农村地域的基本景观基底。这些自然要素受地形、地貌、气候、土壤、水文和动植物等多种因素的影响，形成了不同地域的独特景观。因此，不同地域的农村景观基底在乡村景观构成中具有各自不同的作用。农村自然景观并不仅仅是自然的表现，它还包含了人类的活动和干预。人工结合体如人造湖、水库、人造树林、沼泽地等也构成了农村自然景观的一部分。这些人为的自然背景既是自然景观的延伸，又是人类活动与自然相互作用的结果。在这个过程中，人类对自然环境进行了一定程度的利用和改造。农村中的自然环境往往经过了人类的干预，形成了与原生态自然景观不同的景观特征。尽管人类对自然环境进行了一定的改变，但这种改变是经历了历史沧桑和人与自然磨合而形成的和谐自然。人类居住对自然环境的改变在一定程度上是不可避免的，但在这个过程中，人类逐渐形成了与自然相适应的生活方式。他们在利用自然资源的同时，也开始注重生态平衡和可持续发展。因此，农村自然景观既是自然的表现，也是人类与自然共同演化的产物，体现了一种和谐共生的关系。

中国的自然环境地域差异与气候息息相关，这一点无可辩驳。气候条件直接塑造了植物生长的环境，从而导致了不同地域的植被差异。南方的气候温暖湿润，适宜热带植物的生长，如椰子树，这些植物形成了南方独特的自然特色。而北方的气候寒冷干燥，适宜落叶阔叶树的生长，如枫树、银杏树，这些植物则构成了北方的自然特色。植物的生长特性决定了地域的自然景观特色，南北方农村的自然景观差异正是源自这一点。南方山清水秀，绿树成荫，水乡田园，而北方山水则显得粗犷浑厚，有着壮美的风景。这种南北地域气候、地形、地貌的差异，不仅影响了植被的分布，也直接塑造了乡村的自然景观。自然景观的客观性质决定了不同地区的地理位置必然产生不同类型的乡村自然景观。基于地形地貌的划分，乡村自然景观可分为山地、平原、丘陵、盆地等类型。不同类型的地形地貌会形成不同的自然景观，山地区域常常呈现险峻壮美的景观，平原地区则以辽阔开阔为主，丘陵盆地则介于两者之间，景色多变。因此，中国南北地区的气候地形地貌差异，直接决定了南北方农村自然景观的明显差异，呈现出各具特色的自然美景。

人类历史上的自然景观在经过数千年的演变中，除了自身的自然变化外，人类聚居的地方往往经历了对自然环境的利用和改造。这种改造的过程不仅是对自然的一种回应，更是人类生存的必然需求。因为人类的生存和发展始终依赖于自然环境的支持，所以顺应自然、保护自然成为了必要的举措。相反，与自然相对抗则违背了大自然的规律，可能导致自然灾害的发生，如地震、海啸、台风等。原始自然景观逐渐消失的现象尤其在人口密集的地方更为明显。保护自然环境和关注全球气候变化已经成为世界范围内的热门话题。在人类与自然的相互改造中，自然景观也发生了质的变化。例如，梯田这一景观将自然山体改造为生产粮食的基地，形成了独特的生产景观。这种景观的出现不仅改善了人类的生存条件，也展现了人类对自然的理解和利用。

二、农村的生产景观

生产景观是指农业生产中所呈现的景象，主要包括农村的生产景象和农作物的生长景观。农村地区以农业为主导产业，因此其生产景观与当地经济发展密切相关。不同的生产方式决定了不同的农业景观，这主要由生产力和生产方式所决定。

传统的农业生产方式是以人工劳动为主，这种方式下，劳动力密集，田地呈零散小块布局，农忙时节人气旺盛。这种景象常常展现着农民们在田间劳作的身影，他们辛勤劳作的场景成为了农村生产景观的主要组成部分。传统的农业景观也包括了农民们在劳作时所使用的传统农具和工具，这些工具的使用也是农村生产景观的重要特征之一。而现代机械化生产方式的出现逐渐取代了传统的劳动密集型生产方式。现代农业生产方式减少了人力投入，通过机械化的作业取代了人力，这使得田地可以合并成更大的"块"，整个农场的规模也更大。机械化生产的机器在田间作业时所展现出的壮观景象成为了现代农业生产景观的一大特色，人们可以看到大型农业机械正在田间高效地作业，这与传统方式下忙碌的人群形成了鲜明的对比。现代机械化生产方式还带来了农作物生长景观的变化。相较于传统方式下多样化的农作物品种，现代机械化生产方式更倾向于大规模种植单一品种的农作物，这使得农田呈现出了整齐划一的景象，视野更加通透，农田的整体布局更加规整。

农村生产景观的形成并非单纯由景观规划设计师的主观规划结果所决定，而是受生产力、生产方式和生产庄稼种类等因素的影响。这一景观的形成是生产者生产过程的自然体现，具有实用功能和经济目的，旨在维持人类生活所需。其观赏价值建立在经济生产基础之上，是自然生产过程和生产者行为的结合产物。其美在于食粮植物与自然生态环境的协调，其珍贵之处则在于与人类生活、生命息息相关。这种景观融合了实际利益的生产与自然观赏价值，体现了利益与愉悦感共生的美学价值。在规划农村生产景观时，景观规划师应尊重生产者的利益，同时考虑整体生产景观形象，以维护农田生产安全格局为前提，做出最佳规划。这种规划应当兼顾农田的生产需求和自然环境的保护，以实现景观的双重价值：既满足了农业生产的需要，又提升了农村地区的生态环境和人文景观的品质。因此，农村生产景观的规划设计需要考虑多方利益，将生产者的利益与景观的整体美学价值相统一，以促进农村地区的可持续发展。

三、农村的聚落景观

中国的农村景观是文化的缩影，其主要体现在聚落建筑形式和居住环境中。南北差异使得每个农村地区都充满了独特的风土人情，这反映在聚落环境和居住生活中，呈现出当地较完整的自身文化和传统特点，值得保护和观赏。历史悠久、保存完好的聚落不仅具有较高的观赏价值，更凝聚了当地的文化与历史。这些古老的村落经历了几百年甚至上千年的沉淀，形成了适宜当地人生活的环境模式。在聚落生活环境中，蕴含着人的社会观、道德观、文化观、家族观等意识，积淀了当地厚重的传统历史和精神文化。各地自然形成的建筑风格和居住环境各有不同，但历史悠久的聚落与本土的自然环境融洽，建筑材料就地取材，使建筑与周围环境和谐贴切，呈现出自然、朴实、美丽的感觉。这种和谐统一的景观不仅展现了人与自然的相处之道，更是对古代智慧和工艺的体现。因此，中国农村的文化背景在聚落建筑形式和居住环境中得到了完美呈现。这些古老的聚落不仅是历史的见证，也是当地文化和传统的承载者。保护和传承这些聚落不仅有助于维护乡村的文化基因，更能够让后人领略到历史的厚重与文化的瑰宝。

南北差异与环境关系在中国农村建筑中具有显著影响。南方农村地处湿润气候，雨水充沛，常年雾气笼罩，这种环境下建筑难以突显。因此，古代南方建筑师采用黑白对比的手法，如白墙黛瓦，以凸显建筑的纯朴和亮丽，这样的设计不受天气影响，无论晴雨都能清晰可见。相比之下，北方农村景观更显粗犷厚重，多采用四合院形式，且喜欢涂抹鲜艳色彩以满足审美欲望。在建筑形式方面，南北方农村有着明显的差异。北方农村建筑多为四合院形式，建筑粗犷厚重，喜欢使用鲜艳色彩，这与北方人的性格和环境气候有着密切联系。而南方农村建筑则以黑白对比为主，白墙黛瓦为主要特色，凸显纯朴和亮丽。偏远山区聚落建筑更具地域特色，包括土墙茅草屋、竹屋、木屋等。

传统文化与建筑之间存在着紧密的联系。南方传统建筑如福建永定土建群居楼等保留了数百年的传统，具有浓厚的地域特色。农村建筑的基本功能是满足人类居住需求，利用当地土材料建造，体现朴实无华的美。因此，居住建筑形式与地域文化传统密不可分，是农村景观不可或缺的重要元素。在设计理念方面，保护传统风格，传承当地文化精神是农村景观设计的关键。尊重当地自然生态、传统文化、人居生活是有价值的科学的村庄景观设计。这种设计理念不仅可以使农村建筑更好地融入自然环境，也能够继承和弘扬传统文化，为农村地区增添独特魅力。

第四节　乡村景观的动态变化与发展

地球从最初的岩石景观到现代工业文明的社会和自然景观经历了巨大变化。这种变化受到各种因素的影响，从最初的自然因素逐渐转向自然和人为因素并重。如今，世界的景观变得丰富多彩，包括花草树木、河流、高山、各种生物和人类建筑物。然而，对自然景观的改造和利用需要尊重自然规律，限制人类活动，并有效保护自然环境，以维持生态平衡。实现自然和人类的和谐共存是重要目标。这意味着采取可持续发展的方式来管理资源和环境，保护生物多样性，减少污染，并促进人类与自然的互动方式符合生态系统的需要。只有在这种综合的管理下，人类才能在地球上建立起永续发展的社会，并确保未来世代能够享受到丰富多样的自然景观。

一、景观稳定性与动态变化

（一）景观稳定性

景观的稳定性与变化是一个相对而动态的过程。在这个过程中，景观的变化是绝对的，因为景观不会永远保持不变，它受到时间、空间和外部因素的影响而不断演变。然而，所谓的稳定只是相对的，因为景观的稳定性只在特定的时间和空间相对稳定，绝对稳定的景观不存在。这种相对稳定性取决于景观的各个组成要素的稳定性，因为景观由不同的组分构成，这些组分的稳定性直接影响着整个景观的稳定性。而这些要素的稳定性受到组成其各要素稳定性综合作用的影响。景观要素的空间配置不仅决定了景观功能的发挥，还影响着景观结构的优化。人类活动直接干预着景观的稳定性和变化，合理性的人类活动对维持景观的稳定和促进其积极有效发展至关重要。

1. 景观稳定性的实质

景观稳定性在景观生态学中扮演着关键角色。这个概念被诠释为抗性、持续性、惰性、弹性、振幅和韧性等多种概念，它们共同构成了景观的稳定性特征。在探讨景观生态系统变化的曲线时，研究者总结了 12 条曲线，这些曲线代表了不同时间尺度内各景观内生物量的变化状况。景观的稳定性特征主要体现在总趋势、波动幅度和波动韵律等方面。这些特征可被归纳为持久性、恢复力和抵抗力，它们是评估景观稳定性的重要指标。当景观生态系统受到外界干扰时，其表现具有恢复特征和抗性特征。恢复特征是指系统变化后恢复到原状态的能力，这可以通过恢复时间来度量。而抗性特征则表示系统抵抗外界变化的能力，通常用阻抗值来表示，它可以用偏离起始轨迹的偏差量的倒数表示。因此，理解景观稳定性的实质在于从景观变化趋势和反映外部干扰的强度来审视。这种综合分析不仅能够帮助我们更好地理解景观生态系统的运作机制，还能为有效的生态保护和管理提供重要参考。

2. 景观要素的稳定性

景观系统是由相互作用的镶块体组成的，其稳定性在很大程度上取决于各个镶块体的稳定性。这些景观镶块体由多种处于不同稳定性水平的要素构成，其中包括气候、地貌、岩石、土壤、植被和水文等因素。景观的稳定和变化是各要素整体稳定和变化的综合表现。但各个要素的变化并不一致。其中，气候变化容易引起水热条件的变化，对景观产生了影响，这包括周期性的季节变化和不规则的长期变化。尽管气候变化可能是一个主要的驱动力，但地貌形态的变化需要相当长的时间才能发生，因此可以被视为一种稳定因素，对景观的长期稳定性起着关键作用。

在景观生态系统中，植物和土壤扮演着重要的角色，它们既是景观的功能指示物，又是过程调控的枢纽。植物通过其生长状态和生态功能的变化，可以反映出景观的稳定性和变化趋势，并通过负反馈关联实现系统的协调和自组织完善。土壤则是植物生长的基础，同时也是水和养分的储存和传递的介质，对景观的生态功能具有重要的调节作用。这种植物与土壤之间的相互作用不仅维持着景观生态系统的稳定，还为系统的自我调节提供了基础。水在景观生态系统中扮演着至关重要的角色，它是最活跃的物质之一，具有能量的储存、转换和输运功能。水的存在和循环对于维持景观生态系统的功能和稳定性至关重要，它影响着植被的生长、土壤的形成和水文过程的发展，是景观生态系统中不可或缺的组成部分。

不同镶块体内部构成要素的空间配置差异对能流、物流和信息流的影响是复杂而重要的，直接影响着生态系统的稳定性以及景观整体的稳定性。这些要素包括但不限于植被、地形、水体等。景观要素的稳定性与整体景观稳定性虽有区别，但却密切相关，因为各要素的稳定性综合决定了整体景观的稳定性。在评价景观稳定性时，必须考虑各要素之间的差异、联系以及它们在生态系统中的不同作用。然而，由于各要素相对稳定性的差异巨大，实际评价景观稳定性时主要关注于植被要素的变化。植被的稳定性主要依赖于外界的输入。相比之下，沙漠、岩漠、戈壁以及人工建筑物等景观通常是物理稳定的，其稳定性相对较高。

3. 景观稳定性的尺度

（1）景观稳定性的时间尺度

景观实际上也是始终处于一个不断变化的过程，其中稳定是相对的，而变化是绝对的。在我们所看到的景观中，所谓的稳定性其实是对其连续变化的一瞬间的抽象表达。然而，在讨论景观的稳定性时，必须选择合适的时间尺度来作为衡量标准。不同问题需要基于景观要素和研究目的的差异采取不同的时间尺度。例如，对于不同类型的景观，如农田、森林、荒漠和人工景观，时间尺度的选择存在差异。当以人的有限生命周期作为时间尺度进行景观变化观测时，若森林在这段时间内没有观测到明显的本质变化，通常会被认为是稳定的。然而，如果发生了重大火灾等事件，则意味着景观失去了稳定性。景观基本特征的变化是判断景观稳定性的关键指标之一。如果一个景观的基本特征发生了显著变化，那么就可以认为景观失去了稳定性。但是，如果景观在一段时间内保持了其原有的基本特征，那么就可以认为景观保持稳定或处于亚稳定状态。因此，通过选取适当的时间尺度，并结合对景观基本特征的观察，可以更准确地评估景观的稳定性。

（2）景观稳定性的空间尺度

景观稳定性具有空间尺度的特征，这一点在理解生态系统的动态过程中至关重要。首先，景观尺度上的稳定性可能会体现在立体水平发生变化。这意味着在不同的尺度上观察景观时，我们可能会发现不同的稳定性模式。在更广阔的景观尺度上，变化可能相对静止，形成所谓的"景观的异质稳定性"。这表明了大尺度景观结构和要素组成的变化需要较长时间才能发生，而在小尺度上，景观变化则可以在较短时间内发生。其次，景观是由许多生态系统构成的复杂网络，其空间布局的差异会直接影响到景观的稳定性和生态系统特性。这意味着，即使在相同生态系统内，不同的空间布局也可能导致不同的景观稳定性表现。因此，理解景观的空间格局对于预测生态系统的响应及其相对稳定性至关重要。而且，景观的变化会直接影响到生态变化过程，其中的干扰可能会导致生态系统的波动。如果景观具有较强的抗干扰能力，则这些波动可能会较小。这说明了景观的抗性与其稳定性之间存在密切的关联，而这种抗性往往与景观的空间尺度有关。最后，景观时空尺度的变化反映了生态系统的地理和生物变化过程，同时也影响着地表形态和生物种群的动态。因此，通过理解景观的时空尺度变化，我们可以更好地把握生态系统的演变趋势，从而为生态环境的管理和保护提供更有效的策略和方法。

综上所述，景观稳定性在不同的空间尺度上表现出不同的特征，其变化会直接影响到生态系统的功能和稳定性。深入理解景观的空间尺度特征及其与生态系统之间的关联，对于生态学研究和环境管理具有重要意义。

（二）景观的动态变化

1. 景观动态变化的判断标准

景观动态变化是一个多尺度、复杂的过程。它涉及景观内部各要素受到内外作用力的影响，在时间和空间尺度内从一种状态转变到另一种状态的过程。这种转变不仅仅是表面的变化，而且破坏了景观系统的稳定性，导致景观空间结构的改变。景观改变的程度和趋势受到景观内部结构和外部作用力的影响，可以通过土地利用格局的变化来反映。为了判断景观变化，可以从时间和空间角度出发，比较干扰间隔与景观恢复时间、干扰范围与景观大小，并分析干扰强度与景观变化程度的对比。这种综合分析可以帮助了解景观的演变过程，以及评估景观的稳定性和可持续性。

2. 景观动态变化的主要类型

景观动态变化是景观生态学领域的一个重要研究课题，其研究角度可以从斑块数量、分布格局、邻体概率、廊道宽度、基质的孔度、生物量、网络发展和生境角度等多个方面进行。这些角度有助于全面理解景观的演变过程及其对生态系统的影响。

首先，不论采用何种方法，景观的变化实质在于一定时间内景观内个别景观要素和景观空间结构的改变。这意味着景观的变化是多因素综合作用的结果，涉及景观要素的增减、分布格局的调整以及空间结构的重组。

其次，景观动态的类型主要包括基质变化、内部空间格局变化和新景观要素出现。基质变化是指某一类型的景观要素由于某种原因逐渐成为优势种，取代了原来的景观元素，从而导致景观基质的变化。内部空间格局变化则是指几种景观要素占比发生较大变化，引起景观内部空间格局的变化，进而影响物流、能流和信息流，使景观呈现新的风貌。而新景观要素的出现，则意味着新的景观要素类型出现并占据较大面积，对其他景观要素的分布格局产生影响。

二、乡村景观动态变化的驱动因子

景观变化的驱动因子主要分为两类：自然因素和人为因素。在当下，通常是人为因素与自然因素相互作用，共同导致景观变化。自然因素通常在较大的时空尺度上引起景观的变化，而人为因素的影响逐渐增大。研究自然因素、人为因素以及它们之间的关系对于促进景观朝着可持续方向发展至关重要。理解自然因素如气候、地形、植被等对景观形成的作用，以及人为因素如城市化、工业化、土地利用变化等对景观的影响，有助于制定可持续的景观管理和规划政策。认识到两者之间的相互作用，可以更好地预测和应对景观的变化，保护生态环境、保障人类福祉。因此，综合研究自然因素与人为因素之间的关系，是促进景观可持续发展的关键之一。

（一）乡村景观动态变化的自然因素

1. 生命过程

地球生物演化历程展现了植物从早期的苔藓、地衣或藻类逐步演化至现代植物的过程，这对地球景观产生了巨大的影响。在这个演化过程中，苔藓、地衣或藻类扮演了重要角色，它们起到了保护地表，减弱地面侵蚀的作用。随着时间的推移，植物逐渐演化成为了多样化的维管植物。志留纪时期，维管植物首次出现，而在石炭纪，广阔的森林形成，后来被掩埋形成了重要的煤层和石油层。随着进化的进行，中生纪裸子植物占据主导地位，而后期出现了具有花的被子植物。绝大多数植物种属起源于第三纪末期，为地球植被的丰富多样性奠定了基础。第四纪的到来带来了巨大的变化，冰川作用和物种迁移导致地表的巨变。随后，随着农业的发展和人类活动的增加，地球景观进一步受到了改变。植被演替和个体高度的不断升高也不断改变着景观，形成了丰富多样的生态系统。

2. 自然干扰

干扰在地球景观异质性中扮演着重要角色。人类活动已经几乎覆盖了地球的每一个角落，这导致了所谓的"自然干扰"也是相对性概念。地球上常见的自然干扰现象包括地震、火山喷发、龙卷风、火灾、水灾和虫灾，它们造成了不同类型的景观斑块。当某一类干扰的频率高时，它可能会成为景观的正常构成因素。例如，自然火灾是重要的生态因素，它改变了景观斑块的分布格局，有助于系统的演变。火烧迹地清除了枯叶层，释放了元素，促进了物质循环，加速了新植物的生长，从而改变了植被布局。同时，定期的洪水和火山活动也是系统正常变化范围的一部分。然而，干扰事件的关键在于它们的不可预测性、不经常性以及造成的大规模破坏。只有当这些事件打破了原有的景观平衡并引起了显著的改变时，才能被视为真正的干扰。

（二）乡村景观动态变化的人类因素

1. 人工建筑

人工建筑如铁路、公路、渠道、大运河和高压线路等，作为人类活动的产物，在改变自然景观的同时也塑造了新的人工廊道景观，加速了城镇化和道路交通的发展，为经济的快速增长提供了重要基础。

然而，人工建筑的建设也不可避免地带来了一系列环境问题。它们改变了原有的自然景观结构，打破了原有的生态平衡。铁路、公路等人工廊道的开辟，导致了土地的破碎化和生境的丧失，对野生动植物的迁徙和生存造成了影响。人工建筑的兴建也常常伴随着大量土地的开发和植被的破坏，在一定程度上加剧了生态系统的退化，增加了自然灾害的风险。

因此，尽管人工建筑对经济社会的发展起到了不可忽视的作用，但也需要在建设过程中充分考虑生态环境的保护和可持续发展的原则，采取有效的生态保护措施，减少对自然景观和生态系统的破坏。这样才能实现人类与自然的和谐共生，确保未来世代能够继续享受美丽的自然景观。

2. 自然资源的开采

从原始人时期的简单石器到现代工业化生产的机械设备，人类的工具演变不仅提升了生产效率，也深刻地改变了自然景观。在原始社会，石器主要用于食物采集和狩猎，其对自然景观的影响相对较小。然而，随着人类文明的进步，工具的不断改进从石器发展到铜器、铁器，生产效率逐渐提高，而对自然的影响也不断加深。科技的进步更加速了机械化的过程，使得资源的利用达到前所未有的程度。然而，这种过度开采和利用往往带来了严重的后果。例如，对地下煤炭的过度开采导致地表塌陷和耕地破坏，同时未能有效利用其副产品，这就损害了大量宝贵的土地资源。在亚马孙流域等地，原始森林被无节制地砍伐，导致景观破碎化加剧，水土流失严重，生物多样性受到了严重的破坏。这些例子突显了工具和技术的发展虽然提升了人类的生产力，却也带来了严重的自然环境问题。

3. 农业生产活动

种植业作为人类最基本的生产活动之一，在人口增长的推动下，需求不断增加，从而导致了地表的垦殖活动增加。随着科技的发展，机械化使得大规模耕种成为可能，同时农药与化肥的广泛使用也改变了农业景观，将原本不能耕种的土地变成了农田。然而，现代农业生产以单一种植为主，追求高产量的同时，也带来了一系列问题。景观的单一化导致了生态过程的减少，营养链的简化以及系统弹性的下降。物种的消失和种群的减少更加加剧了这些问题，同时土壤侵蚀也随之增加。在土地集约利用之后，废弃土地的植被改变成为了保护生物多样性的一种潜在途径。这种植被改变有助于新的动植物种群的出现，从而提高了生态系统的多样性。

4. 社会经济文化

社会经济文化因素在乡村景观的变化中发挥着至关重要的作用。人口的增长和迁徙、经济的发展水平、技术的进步、政治体制、政策和文化背景的不断变迁，都直接或间接地影响着乡村景观的演变。

首先，土地利用和覆被的变化是社会经济文化因素导致的。随着人口增长和城市化进程的推进，土地利用方式发生了改变，原本的农田和自然景观逐渐被城镇建设、工业区域、交通设施等所取代。这种土地利用结构的变化直接影响了乡村景观的格局和特征。

其次，政治、经济、文化和社会政策对景观变化起到了重要作用。政府的政策导向和管理措施会直接影响到土地利用、资源配置和环境保护等方面，进而影响乡村景观的发展方向和特征。例如，政府的农业扶持政策、生态保护政策等都会对乡村景观的形态和功能产生深远影响。

综上所述，乡村景观的变化是多种因素综合作用的结果。在评估和研究乡村景观变化时，需要综合考虑社会经济文化因素的影响，并根据实际情况合理分析各个因素的作用及其相互关系，以便更好地指导乡村景观的可持续发展。

第三章 乡村景观规划设计
与基本方法

第一节 乡村基础景观环境设计

一、自然村落的环境设计

在对自然村落进行环境改造时，主要采取以维护为主的策略，避免大规模的拆建，而且着重保持原有的格局。这种做法不仅有助于保留村庄的历史风貌和文化特色，也能够在改善环境的同时不给当地农民带来过多的负担。农田包围村庄的布局体现了田地与村庄相互依存的关系，反映了农民与田地之间紧密的联系。因此，在进行环境改造时，必须尊重并考虑当地农民的生活习惯，不轻易改变原有的居住形式，以确保改造后的村庄能够更好地适应当地居民的生活需求。

在对自然村落环境进行设计时，需要本着节约的原则，充分立足现有的基础对房屋与设施实施改造，防止出现大拆大建现象，防止加重农民的负担，扎实稳步地推进村庄的治理工作。[1]

---

[1] 谢双明. 实现"村容整洁"推进文明生态新农村建设 [J]. 社科纵横，2017，32（7）：29-33.

此外，还需要注重保留古村落的古老风格，保留历史元素如古树、古井、古石磨等，以体现村庄的历史与村民生活的真实情况。这不仅有助于传承历史文化，也能够吸引更多的游客前来参观，促进当地的旅游业发展。因此，在进行环境改造时，应当综合考虑历史、文化、生态等多方面因素，科学合理地制订改造方案，确保村庄的环境改造工作能够取得实际效果，为当地居民提供更好的生活环境。

二、中心村的环境设计

中心村的环境设计是农村改造过程中的重要一环，旨在改善农民的居住条件，同时促进农业生产和村民生活的发展。以下是中心村环境设计的一些关键考虑因素。

（一）统一规划与设计

中心村的统一规划能够避免农村建筑形态上的不统一，确保整体风貌和谐一致。在选材、色彩、造型、风格等方面都要保持统一协调，使村庄呈现出整体美感。

（二）经济实用性

由于建设资金有限，中心村的规划设计应突出经济实用性，合理利用有限的资源，确保建设成本控制在合理范围内。生活设施的配套设计也要考虑农村生产生活的特点，如结合畜牧业的发展等。

（三）基础公共设施

中心村规划设计应配建基础的公共设施，如图书馆、文化馆、影视院、科技展示馆、养老院、小商店等，以满足村民日常生活和文化娱乐需求。此外，还需要配置孩子们的游戏场所、青年交流中心等特定的公共设施，以满足不同年龄段居民的需求。

（四）提高居民生活质量

中心村的建设不仅要改善居民的生活条件，还要丰富村民的生活内容。通过规划设计各种公共设施和活动场所，提供多样化的服务和活动，增加村民的社交互动和文化娱乐选择，提高居民的生活质量。

综上所述，中心村的环境设计应综合考虑规划统一性、经济实用性、基础公共设施的配套以及居民生活需求，以促进农村发展、改善居民生活为目标，实现农村环境的可持续发展。

第二节　乡村环境空间的塑造设计

一、村庄环境空间设计

在当前全国新农村建设时期，针对不同地区的地理条件和经济水平，可采取保持自然村的原貌或建设中心村两种策略。保持自然村的原貌能够维护农村的生态环境和传统文化，符合当地居民的生活习惯和价值观；而建设中心村则可以更有效地配置公共资源和基础设施，提高农村居民的生活质量和便利度。

（一）自然村落的环境设计

在自然村落的形成过程中，农民的生活习惯起到了关键作用，因此环境设计应尊重这些传统习惯，避免轻易改变他们固有的居住形式。这样的设计不仅能够保护村落的历史风貌，还能确保村民在熟悉的环境中继续他们的日常生活。老村落中的古老农具和装饰物不仅是历史的见证，更能引发人们对过去农村生活的联想，展示农耕生活的艰辛和智慧。这些元素在现代社会中具有重要的教育意义，能够让人们更加珍惜现有的生活。

在美化村庄环境方面，设计可以利用农作物和藤本植物进行装饰。例如，用农作物装点院落，利用藤本植物装饰断墙残壁，不仅保持了村落的自然美，还提升了生活情趣和审美品位。这种做法既能保持村落的生命力，又能为村民创造一个美丽宜居的环境。

环境设计必须考虑村民的生产和生活需求，确保设计的各个方面都能方便村民的日常生活生产。场地的合理分布对于现代农业生产至关重要，每户家庭应有自己的小菜园，院子里要有晾晒场地，猪圈和厕所应保持清洁卫生。这些设计不仅提高了村民的生活质量，还提高了村庄的整体环境卫生水平。

自然村落的环境设计应在维护原有村落格局的基础上，尊重历史和农民的生活习惯，通过适当的美化和功能优化，提升村民的生活质量，同时发挥其文化和教育作用。这样既保留了传统村落的历史记忆，又满足了现代生活的需求，达到保护与发展的平衡。

在构建老村庄与现代生产的和谐关系时，首先需要梳理村庄的生产生活秩序，明确传统农耕与现代机械化农耕的不同。传统农耕依赖人力和畜力，而现代机械化农耕则依靠机械设备，提高生产效率的同时，减轻了农民的体力劳动。为促进农业生产，改善村民的居住和生活环境尤为重要。更好的生活环境不仅能提升村民的生活质量，还能为农业生产提供更舒适的基础设施，推动村庄整体发展。

生产方式的改变是村庄现代化的重要一步，从传统的生产方式向现代农业机械化生产的转变，可以大幅提高农业生产力。但这也需要相应的基础设施支持，其中道路改造至关重要。在进行道路改造时，需考虑机械农业生产的需求，尽量在村庄外围修筑适应机械通行的道路，以保护老村庄的风貌，保持村内原有的小道。同时，运输和设施规划也是现代化的关键。在运输方面，建议以村口为界线，减少大型机械在村内穿行对环境和道路的破坏。在村内，应规划专门放置机械的场地和仓库，方便使用和管理。自然村的规划设计需保持老村庄的原始风格和自然风貌，注重人性化设计，创建一个适合现代农民生产生活的环境。

（二）中心村的环境设计

1. 概述

在农村改造中，中心村已成为一种新的居住形式。中心村的房型规格大致相同，具有节约土地、集中供电水气等优点，从而改善了农村居住环境，便于管理。然而，建设中心村不仅解决了农民的居住问题，更应关注其对农业生产的促进或影响。

村落的形成是人与自然和谐关系的体现，农民的居住方式与当地农业生产密切相关。自然村的变迁通常由自然灾害或生产关系变化引起，新的居住形式适应新的生产方式。因此，建设中心村不仅仅是提供住房，更是在农村生产与生活之间建立起一种新的联系。这种联系是基于对农业生产需求的理解和对农民生活方式的尊重，从而实现了农村社区的可持续发展。因此，中心村的建设应该综合考虑土地利用、资源配置以及农业生产需求，以实现农村的全面发展和农民生活的改善。

传统的个体生产模式与中心村的居住形式相脱节，引发了多方面问题。首先，农户的田地与居住地相距过远，不利于生产与居住的高效结合。其次，由于新环境无法提供适宜的条件，农户难以开展家庭副业，如养家禽等。此外，缺少生产资料堆放库和粮食晾晒场地，给生产带来不便。

最重要的是，大型农业机械如拖拉机、收割机等无法安全停放，因缺乏相应的管理场地。这种脱节导致农业生产面临诸多困难，不利于全面发展，限制了农民的发展空间。

随着农业企业化的推进，中心村成为了农民理想的新居所。农民不再像过去那样辛苦劳作，而是能像城市工人一样按时上下班。他们的家庭也不再需要为生产筹备任何工具，因为农田、农业机械、仓库等都由企业统一管理。农民成为企业的职工，享受着与城市人相似的居住环境。

中心村居民通常不打算长期从事农业生产，主要因为居住环境和条件不适合农业生产。这种环境不利于农作物生长或牲畜饲养，也不具备充足的农业资源和基础设施。中心村的形式可以是企业居住，吸引企业在该地区建立基地或办公场所；或者是政府协助改善村民居住条件的一种形式，通过政策和项目来提升居住环境和基础设施。环境设计应以工人新村或整体规划为基准，以便为居民提供便利的生活和工作条件，丰富他们的文化生活，同时提供舒适的生活环境。在建设中心村时，应避免直接模仿城市别墅或公寓的设计，以免破坏农村的自然特色。建筑造型应结合当地的传统特色和现代审美，以简洁朴素、自然大方、色彩统一和谐为理想，避免过多的装饰。如果追求传统式建筑，应保留传统风格和装饰，强调当地文化的传承和保护；而如果是追求现代式建筑，应以极简洁的造型为主，材料与自然和谐，凸显现代感与可持续发展的理念。

有条件或创造条件与农、林、牧、渔结合办些深加工工厂，便于中心村的居民就地工作，大量发展生态农业，生产出更多、更安全的农副产品，这才适合中心村的建设条件。

中心村的建设除了改善居住条件外，还要满足和丰富村民的生活，村内可以规划设计配建一些公共设施，如图书馆、文化馆、影视院、科技展示馆、卫生所、老人活动中心、养老院、小商店等。室内外环境设计以整洁卫生为基准，配套设施的功能要贴近农民生活，充分发挥中心村的优势。中心村因居住人口多而密集，需要配置一定的公共设施。如：为孩子们提供游戏场地和游乐设施；为大人们提供交流空间，需配有花架、座椅、凉亭等设施。

传统老村庄以其独特的特征展现着自然朴实的生活景象。其地基比田地高，方便居民瞭望田园，树木密集、高大，散养的鸡、鸭、鹅以及狗的叫唤声构成了村庄独有的声景。农家屋后常有菜园、猪圈，而前院墙则攀爬着各类蔬菜瓜果。院内挂晒着农作物，整齐堆放着木柴或草垛，存放着劳动工具。

然而，随着农村机械化的影响，村庄需适应新的要求。道路需要考虑机械重量和宽度，路基铺装厚度和工程规格必须符合标准。同时，村庄还需要提供停放农机具的场所，以及晾晒粮食的场地和仓库等设施。对于人口集中、面积较大的村庄，还需配置商店、医疗卫生设施，以及娱乐、文化设施，甚至养老设施等。

在村庄环境设计与居民习惯的关系中，设计师需要深入了解农村及农民的生产和生活特点，以便设计出符合实际需要的环境。这不仅包括实用性和美观性，还需考虑易于维护的因素。与此同时，设计也应引导和培养农民养成良好的生产和生活习惯，这对于维持良好的环境至关重要。

清洁卫生对村民健康的重要性不言而喻，它是保障村民健康的基础。无论是何种类型的村庄，环境的清洁卫生都是至关重要的，因此需要强调并培养居民良好的卫生习惯。对于河道保护和淤泥利用，村庄应严禁垃圾和污水倾倒入河道，并实行定期清淤制度。同时，淤泥的利用可用于制作肥料施田，以及栽种水生植物来净化水质，这对于维护河道生态环境至关重要。关于对留守老人和孩子的关心，为了他们的健康和幸福，应提供图书馆、文化活动室、幼儿园、养老院等设施，以减少他们的孤独感，并促进邻里间的交流。在公共设施的合理配置方面，需要结合实际情况，合理配置路灯、座椅、垃圾箱、公厕、凉亭等公共设施，逐步缩小村庄与城市之间的差距，提高村民的生活质量。这些措施不仅能够改善村民的生活环境，也能够促进村庄的可持续发展。

农村环境品质的提升不仅限于公共环境，而农家小院的美化布局也是至关重要的。然而，大部分农家对小院美化并未给予足够重视，其中经济和文化水平成为主要限制因素。相比之下，旅游开发地区的农民深知美化庭院对吸引游客的重要性，因为这可以带来经济利益。因此，农家小院的美化不仅仅是一种环境改善，更是一个潜在的经济机遇。针对农家小院美化，需要因地制宜，充分利用自然材料和农家用品，展现出独特的地域特色。与简单模仿城市风格相反，农家小院的美化应该融入当地的自然与文化元素，与周边环境相协调。通过巧妙地运用木材、石块等自然材料，结合农具、竹编等农家用品，可以打造出独具特色的庭院景观，不仅能够提升环境品质，还能够吸引游客的眼球。此外，农家小院的美化也可以成为当地文化传承的载体。通过设计庭院景观，展示当地的传统手工艺和民俗风情，不仅可以增强当地居民对传统文化的认同感，还可以吸引游客深入了解当地的历史与文化。因此，政府和相关机构可以通过组织培训和推广活动，提升农家小院美化的意识和水平，从而促进农村旅游的发展，带动当地经济的增长。

2. 设计注意点

在乡村设计中，以人性化、生态、安全、卫生、整洁、美观为核心的原则至关重要。在材料选择方面，应尽可能采用自然材料，避免大面积人工景观铺装，以减少对农村自然环境的破坏。景观设计应避免华而不实的人工景观，而是强调与农村自然环境的和谐，突出村庄的景观个性特征。在公共设施方面，适当配备公共设施，并建造与自然环境相和谐的美丽环境。本地化设计是关键，必须符合当地农民生活习惯和生产条件，设计适宜的农家生产生活环境。最重要的是，坚决反对毫无意义的大面积铺装或大面积种植草坪花园，要坚持节地节能的原则。

二、商业环境空间设计

尽管现代化进程迅速，城乡差距缩小，交通便利，人们交流渠道增加，但农村集市仍旧繁荣。这种现象的原因在于，农副产品供应更加丰富，信息交流频繁，人们习惯了这种生活方式。通常，农村集市地点设于乡镇主要街道上，周边设有邮局、商店、医疗服务等，满足生活需求。这些地点也是乡镇政府所在地，因此集市的环境氛围反映了政治、经济、文化和居民精神面貌。因此，集市环境良好与否直接关系到地域文化经济的繁荣。为了维护良好的集市环境，政府应提供良好秩序、整洁环境的销售市场，并采用有效的市场管理方法。这样的做法既能提升集市的形象，也能促进经济的发展和社会的稳定。

（一）农村乡镇商业街的特征

在中国的农村乡镇，商业街以自由市场为主，通常平日冷清，但在集市日却十分热闹。农民可自由出售自产农副产品于集市，市场由乡政府管理。赶集习惯在各地农民中普遍存在，日期按阴历确定，地区各有不同。农贸集市场景热闹，不仅有商品交流，也有人际交流。人们赶集不仅是为了交易，也是为了办事、结交朋友、获取信息的机会。因此，集市不仅是商品交易场所，也是信息交流的平台。

（二）农村乡镇商业街的功能

1. 提供整洁而方便的商业环境

赶集在农民的生活中扮演着重要角色，不仅实现了商品流通、人际交往和信息传播的功能，也是传统文化的重要载体。规划设计乡镇商业街应以人为本，结合当地集市特点提供必要的便民设施，这不仅能促进生产和销售、活跃市场经济，还能增加农民收入。农贸市场作为集市的交易中心，维持市场环境整洁有序至关重要，特别是处理农产品的废弃垃圾，这有利于市场经营服务和管理，进而促进销售额提高。为此，农贸市场设计应考虑农民赶集的特点，提供临时摆摊设点的销售摊位，方便农民随时进行白产农产品的买卖，同时培养农民遵守市场规则和处理垃圾的良好习惯，共同维护市场的卫生清洁。商业街环境规划设计的成败直接影响着乡政府在农民心目中的形象和地位，因此，应该注重整体规划，提升商业街的品质，以增进农民对政府的信任和满意度，推动乡村经济的发展。

2. 提供人与人信息交流的环境

集市上的商店种类繁多，包括餐饮店和茶社，它们不仅是人们购物的地方，也是人们交流的场所。在设计饭店和茶社时，需要合理分布空间，调整环境，提供静谧或热闹的选择，以满足不同人群的需求。此外，利用橱窗宣传农业科技等最新信息，可以在商业街休息场所配置橱窗宣传栏，促进信息传递和交流。

3. 提供便民服务和公共设施

商业街的公共设施设计应当注重朴实简约，以材料朴实、造型简单实用为基准。公共座椅、垃圾箱、路灯、路牌、商业广告牌、宣传栏等的设计应注意和谐统一，而非追求豪华风格。路灯的设置距离与位置布局需规范合理化，不可过于密集或稀疏，以确保夜间照明的有效性和视觉舒适度。商业信息栏、广告牌的设计应避免夸张的造型和过于艳丽的色彩，保持统一而个性化的风格。公共座椅设计除了简朴外，还需考虑露天条件下材质的耐久性和舒适性，以提供行人休憩的舒适体验。对于农村商业街，解决脏乱差问题尤为重要，设计和管理应到位，垃圾箱的设置需匹配集市贸易的垃圾量，位置需合理布局，以保持环境的整洁和卫生，提升商业街形象。

4. 美化环境突出乡镇商业街品质

乡镇商业街的设计注重商品交换便利与环境美化，以整洁、朴素、美观的乡村特色为基准。通过系统的整体设计，提升商业街形象，突出乡镇文化的经济特色，如土特产品的宣传。形象设计需留下朴实而有特色的深刻印象，凸显乡镇的经济文化与形象，使商业街成为乡镇发展的重要窗口，既促进了商品交换，又提升了乡村形象，为当地经济发展注入新活力。

（三）设计注意点

乡镇集市环境设计应以自然材料为主，避免过度使用人造景观，确保与自然融合。其设计原则应以人性化为核心，配备公共设施如报刊信息栏、座椅、路灯和垃圾箱，以提升市民生活品质。设计应尊重当地农民的习惯与文化，作为设计依据，确保环境与当地社区相融合。店面形象设计应简洁大方，朴实美观，形成系列性，既统一又不失个性，以体现商业街整体美感，吸引顾客，促进当地经济发展。

三、公共环境空间设计

（一）概述

农村公共空间的景观优化对乡镇村庄整体形象和环境至关重要。这不仅是一种美学追求，更是对村民生活质量和社区凝聚力的重要考量。增加各种公共空间，如敬老院、幼儿园、卫生院、图书馆等，是满足村民生活和精神需求的必然选择。这些设施不仅提供了日常服务，更是社区活动和交流的场所，为村民提供了交流互动的平台。公共空间的设计应与农村景观统一和谐，保留农村美感特色，强调农村特色与自然环境的和谐设计理念。这样的设计不仅能够提升村庄的整体形象，还能够保持乡村的独特韵味，吸引游客和外来人口，促进地方经济的发展。农村公共环境的范围也在不断扩大，除了传统的寺庙、大戏台，近年来还增设了文化馆、技术培训中心等，丰富了农村的文化生活和教育资源。尽管大多数农村公共环境设施尚不完善，但一些古镇已经满足了村民的精神需求，成为了社区文化的重要载体。这些公共环境的建设多由村民自发集资，或由富商、富裕乡绅和地方官员建造，包括寺庙、祠堂、古戏台等，为丰富村民文化生活作出了贡献。

（二）设计注意点

设计师需密切关注当地农民的生存状况，将调查成果置于设计核心，为满足当地居民的基本需求而努力，包括建设农民迫切需求的公共设施，并考虑到他们的文化和娱乐需求，以丰富其精神生活。在人性化设计的指导下，应根据环境特点合理布局公共设施，以提升使用体验。在设计原则上，经济实用是首要考虑因素，但同时需符合审美标准，确保整洁、卫生、美观。设计应充分利用当地天然材料，以保持公共环境与周边自然环境的和谐一致，体现出一种自然、舒适、美丽的景象。

四、农家庭院空间设计

随着城市人群对农村旅游的兴趣不断增加，这已成为一种时尚趋势。他们愿意亲身体验农家生活的种种乐趣，从品尝农家饭到居住在农家屋，再到参与农家活动和游玩农家乐。农村旅游业因此蓬勃发展，但也需要适应城市人的审美需求。为了丰富农村旅游内容，不仅需要提升环境质量，还要设计吸引城市人的活动。

（一）农家庭院的特征

农家庭院环境是农村经济和文化水平的镜像，也是农家主人审美观的体现。随着中国各地农村旅游的兴起，农家乐等观光项目成为一项新兴产业。农民家院已成为农村旅游的核心环境，为游客提供吃、住、农家生活体验等服务。为了吸引游客，接待环境必须保持干净整洁，同时保留农家庭院独特的乡土气息。这种独特气息是通过木质构造、农具摆设等元素展现出来的，使游客能够深刻感受到农村生活的韵味。

（二）农家庭院常用植物

首先，农家院落造景设计的关键点在于充分利用农作物这一农民最擅长的元素，与农民生活密切相关，既可供食用，又可观赏，一举两得。其次，将小菜园打造成花园，不仅美化了小院，也方便随时采摘新鲜蔬菜。在墙面装饰方面，运用藤本植物如丝瓜、葫芦等，增加了自然的乡土氛围。在选植观赏价值的蔬菜时，选择具有花、果观赏价值的品种，如菊花脑、马兰头等，为院落增添生机。果树的种植也是不可或缺的一环，桃、杏、梨、柿子等果树不仅为院落增添绿意，还能丰富果实的收获。在花木的选择上，则应注重香味的挑选，如桂花、栀子花、丁香等，为院落增添芬芳。重要的是，设计要充分考虑不同季节植物的生长周期，使得院落在不同季节都能呈现出不同的景致，让人们能够闻到不同植物的花香，品尝到不同季节的瓜果蔬菜。最后，设计的目标是发挥农家植物美的优势，展示出最朴实、最真实、最自然的美丽，以此营造出宜人的乡村生活氛围。

（三）设计注意点

庭院设计着重于经济、朴实、大方，并保持整洁。室内外环境要整齐、清洁、美观，有利于养成良好的卫生习惯。装饰素材应根据当地特色，体现乡村气息。为了接待游客，最好不要养狗，如有必要，务必拴好。同时，合理配置垃圾箱，及时处理垃圾，有助于保持环境整洁，提升农家接待的品质。

五、农村景观小品设计

（一）概述

农村景观小品设计是一门综合性的艺术，通过对传统农具、农作物和农村生活的情感表达，以及对农村环境的美化与包装，唤起人们对农村文化和历史的怀旧情感，引发对往事的回忆和思考。这种设计不仅仅是为了美化农村环境，更是为了传承和弘扬乡土文化，让人们重新审视和感受农村的独特魅力。

首先，农村景观小品设计应当注重挖掘和利用传统农具和生活用具。这些农具和生活用具记录了一代又一代人的辛勤劳作和生活经历，承载着丰富的历史文化内涵。通过将这些传统农具进行美化和雕塑，可以创造出具有纪念意义的景观小品，让人们在欣赏的同时，也能够深刻感受到农村文化的底蕴和魅力。

其次，农村景观小品设计还可以利用农作物来塑造形象。例如，利用巨大的南瓜雕刻成南瓜灯，以及传统的葫芦画，都能够唤起人们对丰收和喜悦的记忆，引发怀旧情感。这种形式不仅增添了农村景观的趣味性，也将农作物的美感元素融入景观设计中，丰富了农村的文化内涵。

最后，农村景观小品设计还应当注重寻找和包装一些值得留念的物体，通过对这些物体的美化装饰，引发人们对往事的怀念和回忆。这些物体可以是儿时的玩具、生活用具，也可以是农村特有的建筑和风景。通过这种方式，设计师可以巧妙地将人们的情感和记忆融入景观设计中，使其更具有触动人心的力量。

综上所述，农村景观小品设计是一种具有丰富内涵和感染力的艺术形式，通过对传统农具、农作物和农村生活的表达，以及对农村环境的美化与包装，唤起人们对农村文化和历史的怀旧情感，引发对往事的回忆和思考。这种设计不仅仅是为了美化农村环境，更是为了传承和弘扬乡土文化，让人们重新审视和感受农村的独特魅力。

（二）设计要点

第一，因地制宜，就地取材，旧物再利用。选择有纪念意义的物体进行装饰，以自然材料为主。

第二，设计中在追求形式感的同时注意与环境的统一与对比的适宜度，层次分明，美感突出。

第三，注重景观小品的趣味性、装饰性和个性。

第四，追求经济美观、简洁大方的整体美感。临时景观小品的设计更要注意便于组合拆卸等，易于回收再利用和清理。

第三节　乡村公路生态景观设计

一、乡村公路生态景观设计的意义

乡村公路生态景观设计的意义是多方面的，其中包括对可持续发展的需求、延续历史文脉和弘扬民族文化、保护视觉环境质量等方面。

首先，乡村公路生态景观设计是实现乡村公路建设可持续发展的需要。随着社会的不断发展，人们越来越意识到人口增长、资源匮乏和环境污染等问题，而可持续发展成为人类社会的重要目标。在这样的背景下，乡村公路的建设必须与环境保护和资源利用相协调，以保持持续的、稳定的发展态势，从而造福于当代人和后代人。

其次，乡村公路生态景观设计能够延续历史文脉、弘扬民族文化。乡村公路作为人类创造出的人文景观，与其周围的景观共同构成了一个四维的景观环境。通过合理设计和规划，可以保护和传承乡村的历史文化遗产，弘扬民族精神和文化传统，从而实现历史文脉的延续和民族文化的传承。

最后，乡村公路生态景观设计是保护视觉环境质量的要求。视觉环境质量作为社会环境质量的重要组成部分，对人类的生活质量和幸福感具有重要影响。通过乡村公路景观设计，可以保护和改善乡村的视觉环境，提升居民的生活品质，同时吸引游客前来观赏，促进乡村旅游的发展。

综上所述，乡村公路生态景观设计不仅能够实现乡村公路建设的可持续发展，还能够延续历史文脉和弘扬民族文化，同时保护和提高环境质量，提升人们的生活品质和幸福感。因此，加强乡村公路生态景观设计具有重要的意义和价值。

二、乡村公路生态景观个性的形成、表现及创造

乡村公路景观设计的核心在于充分展现地方特色和民族风情，突出生态美的特点，强调自然之美，并在此基础上超越自然之美，激发人们对乡土的热爱之情。通过保护和恢复自然生态环境、融入当地文化元素、打造主题化景点、设计互动性景观元素以及加强环境教育，实现乡村公路景观的可持续发展，激发居民的归属感和自豪感，吸引游客流连忘返，为乡村经济的繁荣注入新的活力。

（一）公路景观个性

公路景观的个性是其独特的特质，反映了所在地区的文化、历史、

经济和生活习俗等方面的特征。在景观规划和设计中，必须突出地方的文化历史和环境特征，反映公路所在地区的独特风貌。这种个性是由公路本身以及周围环境共同构成的，包括公路的基本设计特征、空间组成以及景观区域的历史、文化、经济状况等因素。因此，公路景观设计应该以公路原有的个性为基础，结合现代设计方法，创造出新的景观个性。在设计过程中，应该保持公路原有的风格和特点，并将其融入设计方案中，以实现公路景观的独特魅力和吸引力。

（二）公路景观的个性的形成因素

首先，路线通过的地区特点包括公路以外的景观要素，如远处的山脉、天际线、宗教建筑、地区标志等。这些景观元素赋予了公路周围独特的地域气息和文化特色，成为公路景观个性的重要组成部分。沿线的设施和建筑也为公路景观增添了丰富的元素，如路边的树廊、住宅区的风貌等，形成了公路独特的风格和氛围。

其次，公路自身特点也是形成景观个性的重要因素。公路的线形、路面设计、交通标志、照明设施等都会对景观产生影响，为公路景观赋予独特的外观和氛围。公路的设计风格、交通组织方式、休息设施等也是公路景观个性的体现，反映了公路所在地区的文化、历史和社会风貌。

综上所述，公路景观个性的形成是多方面因素共同作用的结果，既包括路线通过的地区特点所产生的个性，也包括公路自身特点所形成的个性。只有充分考虑和融合这些因素，才能设计出具有独特魅力和地域特色的公路景观。

（三）乡村公路生态景观的表现及个性创造

首先，公路景观的个性化设计是实现生态美的重要途径之一。通过充分利用公路路域空间、运用修景等方式，可以将生态特征的景观素材巧妙地融入景观设计中，以突出生态景观的个性。同时，运用人工构造物如林木、花草、雕刻等，也能够通过精心设计，将公路周围的景观元素呈现出独特的生态美。

其次，公路景观的个性化表现还需要考虑地域特点、传统风格以及公路自身特点等因素。地区的地形、水体、人文历史等特点都会影响到公路景观的形成，因此设计时应根据具体地区的特点进行调整和优化。利用山区地形、水体河流等景观要素，可以打造出独具特色的生态景观，增强公路景观的个性化表现。保护并体现地区的传统风格和历史特色也是公路景观个性化设计的重要依据，通过保留和弘扬地方传统文化，可以使公路景观更具魅力和独特性。

最后，在公路景观设计中，还需要考虑公路自身特点对生态景观个性表现的作用。公路线形的生态化设计、公共设施的生态景观表现以及设计时空间构造的连贯性都是实现公路生态景观个性化的重要手段。通过统一沿线景观设计、保持景观元素的连贯性，可以使公路景观呈现出更加和谐统一的生态美。

综上所述，公路景观的个性化设计需要充分考虑地域特点、传统文化、公路自身特点等因素，通过精心设计和合理规划，打造出具有独特魅力的生态景观，为人们营造出愉悦、和谐的出行环境。

三、乡村公路生态景观设计元素

公路的三维主体线形、视觉效果、线形连续性、路缘等是视觉要素的重要组成部分，而尺度、体量、色彩、空间造型等则是描绘要素的关键。使用者要素包括机动车、非机动车、步行者等，而时间、地理、水文、日照等则是时空要素的考量对象。调控要素涵盖了公路个性的确定、对景情况、区域社会风俗等，这些要素在公路景观设计中都起着重要的作用。

公路景观设计应因地制宜，协调优化，着重突显公路的独特性。远景焦点通常选定独具特色的建筑或自然景观，通过合理选址和设计，使其与公路轴线自然融合。借助周边山岳、水景、河流等地形特征，景观设计可以更加丰富多彩，为驾驶者提供愉悦的视觉体验，增强公路旅行的乐趣。因此，设计师需要深入了解当地地理环境和文化特色，巧妙地将景观元素融入公路设计中，以实现景观与功能的有机统一。

公路景观设计必须始终以服务于人类活动为主题，明确设计的重心。时空要素的考量使设计能够充分反映季节变化、天气变化等因素对公路景观的影响，从而美化公路景观，使其与大自然的变化相融合。只有在认真体会并充分利用大自然的各种变化因素基础上，公路景观的各种要素才能在设计中发挥出色彩。

四、乡村公路生态景观设计原则

（一）节约用地的原则

首先，要合理布设路网，并根据不同地区的特点和发展水平，灵活调整建设标准。在经济发达地区，可以采用更高的建设标准以应对更多的车辆和复杂的交通情况；而在欠发达地区，则应根据实际情况调整建设标准，避免造成不必要的土地浪费。

其次，要严禁施工中从农民手中零星购土，并在施工结束后及时恢复临时用地。购土行为不仅破坏了农田和耕地，还可能影响到当地群众的生活。因此，应严格禁止施工单位从农民手中零星取土，并尽量选择临时用地靠近村落、镇等地，以减少对农田的影响。对于因施工而裸露的土地，应在工程结束后立即进行整治，恢复植被和耕地。

综上所述，通过合理布设路网、灵活调整建设标准、严禁零星购土、及时恢复临时用地等措施，可以有效实现公路建设的节约用地，保护土地资源，促进经济可持续发展。

（二）原有生态系统连续性的原则

在乡村公路建设中，保护原有生态系统的连续性是至关重要的原则。生态系统是由生物和非生物成分组成的复杂整体，其稳定性对维持生物多样性和生态平衡至关重要。因此，在公路建设过程中，需要采取一系列措施来保护原有的生态系统，特别是对涉及自然保护区、湿地生态系统、野生动物保护区和水资源保护区等地区。

首先，公路建设应尽可能与自然保护区边缘保持一定的距离，以减少对自然保护区的影响。例如，公路中心线应距自然保护区边缘100米以上，以避免直接破坏保护区内的生态系统。当公路经过自然保护区时，应严禁砍伐影响行车视线的林木，以保护保护区内的植被和生物多样性。

其次，对于湿地生态系统，公路建设应尽量避免直接侵入湿地区域，可以选择将路线布设于湿地边缘或采用架桥方案，以减少对湿地生态系统的破坏。施工过程中产生的废料也应当严格控制，确保不会污染湿地环境。

再次，针对国家保护的野生动物区域，公路建设需要设置相应的标志并采取措施，以减少对野生动物的干扰。例如设置禁鸣标志，并设置兽道，为野生动物提供通行的通道，减少因公路建设而导致的动物死亡或栖息地破坏。

最后，公路建设过程中需要严格控制对水体的污染。路面径流水不得直接排入饮用水体和养殖水体，施工结束后必须清理河道中的废弃物，以保护水资源和水生生态系统的健康。

综上所述，保护原有生态系统的连续性对乡村公路建设至关重要。通过合理规划路线、严格控制施工过程中的行为，并采取有效的环境保护措施，可以最大程度地减少对生态系统的破坏，实现公路建设与生态保护的平衡发展。

（三）路域生态系统稳定性原则

首先，公路建设的基础指标包括人口密度和人均土地，这些直接决定了公路规划、使用年限和用地界限。在规划过程中，应当以人口密度和人均土地为重要参考，依据公路自然区划进行环境区划。这种区划方式有助于提高建设标准的适应性和合理性，确保公路建设与当地环境特点相契合。

其次，为了减少公路建设对土地资源的占用，应采取因地制宜的策略，利用各种废渣或山区矿渣作为筑路材料。这样不仅可以减少对耕地的占用，还可以充分利用废弃资源，实现资源的综合利用。

再次，为了减少对耕地的占用和破坏，公路建设过程中应采取集中取土的方式，并在取土结束后及时进行土地的恢复利用。严禁从农民手中零星购土，以避免对农田的破坏和影响。

最后，在施工期间，临时用地应尽量选择在村落、镇、所等附近，并尽量租用已有的房屋和场地作为施工营地，以减少对周围环境的影响。施工结束后，裸露的土地应立即得到整治，恢复植被和耕地的功能。

综上所述，路域生态系统稳定性原则是公路建设中不可或缺的考量因素，通过科学规划、合理利用资源以及严格控制施工过程中的行为，可以实现公路建设与生态保护的协调发展。

五、乡村公路景观与生态环境协调设计

公路景观设计的核心在于将道路与周围环境融合，通过优雅的线形设计和与自然、文化、城市环境的协调，创造出和谐统一的视觉效果。这需要考虑道路曲线、地形地貌、绿化、生态保护、文化遗迹和城市规划等因素，以实现公路美学的完美呈现，同时确保其功能性与美感并重。

（一）公路与地形的配合

公路与地形的配合是景观设计的重要方面，需要深入了解地形特点，并根据不同地貌条件设计路线，以确保路线与地形协调一致，创造出优美的景观效果。具体而言，路线应顺着等高线布设，避免垂直穿越等高线，并特别注意横穿等高线时选择角度，充分利用地形特点设计沿线的视觉方向。在挖填土方时，挖方的斜面形状宜如凸状，而填方的斜面形状宜如凹状，以最大程度地融合自然景观。考虑用路者的视觉联系方式和观察位置，设计适应地形的路线，如在山脊、山谷和丘陵地区考虑分为上下两条行车道。适应地形的路线设计不仅可以反映自然之美，而且更经济实用。

（二）公路沿线绿化设计

绿化在公路景观设计中扮演着重要角色，既美化环境，又提升公路景观的整体质感。通过种植各种植物，公路绿化可以美化、衬托、协调环境，使其充满生机和美感。绿化设计的目的主要包括景观美化、交通安全、生态改善等方面。在设计过程中，应首先加强公路个性，注意地方特色，并根据景观区域的特点采用对比绿化法或连接绿化法，使公路景观具有多样性和连续性。在选择绿化树种时，应考虑其耐受能力、四季变化、视线诱导作用等因素，并与其他公路景观元素协调一致。绿化设计应注意功能与美观的结合，避免设计上的不合理，如长直线路段的行道树布置、斑马纹效应等。综合考虑这些因素，可以打造出既美观又功能性强大的公路绿化景观。

（三）绿化的栽植理论和栽植手法

绿化作为公路景观设计中的重要组成部分，涉及不同的栽植理论和栽植手法。在公路绿化设计中，需要综合考虑气候条件、地方特点、公路性质与交通功能，以及公路环境与沿线建筑特点等因素。

一方面，景观栽植旨在美化环境、点缀景观，常见的种植形式包括整形种植、自然风景式种植、自由式种植和生态种植。整形种植注重平面设计，通过对称、直线或花样栽植创造出人工造型；自然风景式种植则模拟自然景色，根据地形与环境自由设置植物，寄生、群植等手法常见；自由式种植则更具现代艺术感，灵活运用不规则的栽植方式；生态栽植则侧重于生态学观点，通过不同树种的组合达到韵律感和节奏感。

另一方面，功能栽植则着重于栽种植物以达到某种功能上的效果，如遮蔽、装饰、防风、防雪、防火等。这种绿化方式常常有明确的目的，并根据需求选择合适的植物进行布置。

综上所述，绿化设计的核心在于根据公路周围的环境特点和设计需求选择合适的栽植方式和植物种类，以实现美化环境、点缀景观、功能性等多重目标。通过综合运用不同的栽植理论和栽植手法，可以打造出丰富多彩、具有个性特色的公路绿化景观。

（四）乡村公路景观的色彩设计

色彩设计在乡村公路景观中扮演着重要角色，因为色彩不仅能影响人们的生理和心理感受，还能丰富景观的表现形式，塑造独特的环境氛围。在乡村公路的色彩设计中，需要考虑地理环境、季节变化以及公路自身的特点，以实现景观个性化与色彩协调。

公路景观色彩设计应与地理环境相协调，使色彩变化有助于形成景观个性，并突出公路的主要色调。例如，在寒冷地区，冷色调的运用更为合适。同时，公路沿线的绿化也会随季节变化而呈现不同的色彩，因此在绿化设计中应考虑与季节变化相配合的色彩搭配。

公路景观中的交通标志也需要精心的色彩设计，以突出其在环境中的识别性和可视性。交通安全色的选择十分关键，红色常用于禁令标志，但过度使用可能导致视觉疲劳，因此应谨慎运用；绿色则适合用于提示牌，能缓解司乘人员的视觉压力，增加自然、生命的意味。

在乡村公路的设计中，除了满足交通需要外，还应充分利用沿线的自然景观资源，结合旅游资源、文化古迹等进行合理规划和设计。通过改造和利用自然景观，不仅可以恢复已损坏的自然环境，还能增添设施，使景观更加优美。

综上所述，乡村公路景观色彩设计需要考虑地理环境、季节变化、交通标志等因素，并结合自然景观资源进行合理规划和设计，以打造出独具特色的、与环境协调的公路景观。

第四节　乡村自然景观的开发模式

一、自然景观资源分析

关爱地球、环境和人类责任是当今社会所面临的重要课题之一。在这个问题上，湿地保护与管理扮演着重要的角色，因为湿地被认为是景观规划设计中的重要任务之一。湿地被形象地称为"地球之肾"，因为它们在生态净化中发挥着关键作用。湿地"不仅是人类最重要的生存环境，也是众多野生动物、植物的重要生存环境之一，湿地生物种类极为丰富，是人类赖以生存和持续发展的重要基础资源"[1]。湿地对于人类和其他生物的生存至关重要，因为它们不仅提供了丰富的生物资源，还提供了多种生态服务和社会经济价值。

---

① 闫娜. 人造生态景观的人文性和景观性 [D]. 南京林业大学，2008.

　　除了生态功能外，湿地也具有丰富的生物资源，这为生态旅游和其他相关产业提供了巨大的发展空间。湿地还有助于调节气候，减少洪涝灾害，并提供重要的栖息地和食物来源。

　　在景观规划设计中，不同地形地貌景观各具观赏价值，如湿地、山脉、河流等，这些景观为人们提供了休闲娱乐的场所，同时也是人们感受大自然、放松心情的重要空间。特别是农村自然风景资源的保护与利用，更是景观设计的重要组成部分。在保护与利用农村自然风景资源时，应当遵循科学原则，充分考虑到生态环境的平衡和可持续发展的需要。

　　例如，江苏盐城农村位于黄海沿岸，成功开发和保护滨海湿地景观资源。这片滨海湿地成为丹顶鹤、麋鹿、候鸟等动植物的繁衍生息地，生态自然保护区运行良好。生态环保可持续发展政策的落实带来了生态农业上的巨大收获。农民对保护农村生态环境的认识深刻。国内外旅游观光客数量逐年增多，促进了生态与人、土地与人、农业与人的关系的拉近。人们在观赏自然景观的同时体会到了生态环境的重要性，积极促进了农村生态环境保护和有机农业的发展。这种发展模式既满足了人们对自然的向往，也为农村经济发展注入了新的活力，为可持续发展打下了坚实的基础。在这样的政策引导下，农民意识到保护生态环境不仅能够改善生活质量，还能够为后代留下更好的环境。

　　保护和开发自然景观资源不仅仅是对景观本身的保护，还包括对生态环境的修复和营造。长期使用化肥和农药导致土壤板结，有机微生物数量减少，这些问题通过修复可以得到改善。经过修复，夏夜的稻田中重新出现了萤火虫的身影，夜晚也回荡起清脆的蛙声和各种昆虫的鸣叫声，这无疑是环境得到了显著改善的证据。与自然和谐设计是挖掘景观自然资源、恢复生态环境的唯一途径。然而，现代城市大多对乡村景观的理想印象停留在传统的田园牧歌式画面上，忽视了其生态环境的价值。事实上，传统乡村景观和农村乡土生活仍然是人们向往的美景，但是这种向往应该超越表面的浪漫想象，而且更加注重其生态环境的保护和恢复。

　　乡村地区的生态资源受自然条件所限，包括山川、森林、河流以及土地等。数千年的人类开垦活动使得乡村地区的有限土地生态资源变得脆弱，因此保护这些资源成为利用自然景观资源的前提。森林与青山被视为天然水库，然而频繁的砍伐活动导致水源减少，可能引发严重的自然灾害。这一点在元阳哈尼梯田得到了明显的体现，因为农民们长期以来保护了当地的森林资源，梯田能够保持良好的水源。保护森林资源并进行植树造林是保持"山高水就高"的关键所在。

　　在乡村地区，景观资源的开发应以保护自然环境为基础。这样的做法不仅有利于维护农产品生产的安全，还有助于打造美丽的生态环境，满足当地居民和大众对于自然景观的需求。事实上，自然环境的破坏往往会引发大自然的报复，因此保护环境就是保护自己。乡村地区的生态系统是一个复杂而脆弱的生态系统，其生存离不开土地、水资源、空气质量等多种因素的综合平衡。只有通过保护生态环境，才能实现乡村地区的可持续发展。因此应当紧密结合当地的自然生态环境，以保护自然资源为前提，促进当地农业生产，改善生态环境，满足人们对美好生活的追求。这种方式既可以保护自然环境，又可以提高当地居民的生活质量，实现经济、社会和生态效益的有机统一。

二、自然景观开发的主要模式

（一）自然景观的保护开发模式

　　自然景观的保护与开发模式在不同地区具有独特性，需要结合地方特色和自然资源，以及地方人文历史积淀，来制定相应的发展策略和规划方案。

在安徽黟县的西递和宏村，自然景观以四周群山环抱、林木茂盛、气候宜人为特色。这种自然环境与当地徽商文化相结合，形成了独特的地域特色。这些地方通过保护自然环境和传承地方文化，吸引着游客，成为美丽乡村的代表。

然而，在内蒙古，虽然旅游业发展迅速，但也面临着诸多挑战和问题。特别是草原旅游发展模式需要转变，不再简单地依赖景点式的旅游模式，而是要考虑如何将草原的开阔景观与游客体验相结合，打造出更具吸引力和深度的旅游产品。

在草原地区的旅游开发中，需要更多地关注环境保护和生态平衡。草原生态环境脆弱，需要规范管理旅游活动，避免对环境造成损害。建筑设施和景观的设计也应与自然环境相协调，避免对景观造成破坏。

在发展草原旅游的过程中，需要构建多方参与、共同分享利益的经营模式，保障当地居民的利益，避免因旅游业发展而导致的文化消失和社区问题；注重挖掘和传承当地的民族文化，以丰富的文化内涵吸引游客，使旅游体验更加丰富和深刻。

总的来说，自然景观的保护与开发需要在生态环境、文化传承、经济利益等方面进行综合考虑，制订科学合理的发展模式和规划方案，以实现可持续发展。

（二）自然景观的改造开发模式

自然景观的改造开发模式旨在在尊重和传承当地自然和文化特色的基础上，通过现代化手段，打造出符合当代需求的新农村景观。这种模式的核心在于如何在改造过程中保留和弘扬传统特色，同时满足现代社会的生活和发展需求。

首先，改造开发模式需要深入了解当地自然和文化特色。这包括对地形地貌、气候条件、植被类型等自然要素的研究，以及对当地历史文化、民俗习惯、传统产业等人文要素的了解。只有充分理解了当地的特色，才能在改造过程中有针对性地进行设计和规划。

其次，改造开发模式应该注重保护和利用自然资源。在改造过程中，需要遵循生态保护的原则，保护好当地的自然环境，保护生态系统的完整性和稳定性；善于利用自然资源，将其作为景观建设的基础和依托，打造出具有特色的自然景观。

再次，改造开发模式要注重挖掘和传承当地的文化底蕴。在设计和规划过程中，应该充分考虑当地的历史文化、民俗风情等元素，将其融入景观设计中，使之成为景观的一部分。通过展示当地的文化特色，可以增强景区的吸引力，吸引更多的游客。

最后，改造开发模式需要结合现代科技手段，进行创新性设计和建设。现代科技手段可以为景观改造提供更多的可能性，如利用智能化技术提升景区的管理水平，利用虚拟现实技术提升游客体验等。通过结合现代科技手段，可以使景区更加具有现代化和时尚感，提升景区的竞争力和吸引力。

综上所述，自然景观的改造开发模式需要在保护自然环境、传承文化特色、结合现代科技等方面进行综合考虑，以实现景区的可持续发展和社会效益最大化。

（三）自然景观的创新开发模式

1. 新农居建设要体现地域特色

农民建筑一直是农村景观中的重要组成部分，其美观程度直接影响着农村整体形象的感知。随着社会发展和思想进步，人们的审美观念也在不断变化，因此创新成为了农村建筑的重要任务。为了确保创新的有效性和整体的和谐性，农村建筑的设计和形态需要专家的指导，制定一个既有传统又融合现代元素的框架。在这个框架下，创新必须结合地域特色和传统文化，并且使之融入现代生活习惯，赋予农村建筑现代气息。

农民在建造新房时常常注重美好愿望，并且乐于在建筑上添加各种装饰元素，如吉祥物、纹样等。这些装饰元素可以成为创新的基础，结合现代审美观念，创造出独特的风格，从而保持农村建筑内外环境的和谐。然而，要形成独特的风格，就需要在纹样造型和材料上做到统一和规范，这样才能使农村建筑具有当地新的特色。因此，在农村建筑创新的过程中，既要尊重传统文化和地域特色，又要紧跟时代潮流，结合现代审美观念进行创新设计。专家的指导和规范起着至关重要的作用，可以确保创新不脱离传统的基础，保持整体的和谐性。农民的美好愿望和个性化需求也应该得到充分尊重和考虑，这样才能使农村建筑在传承和发展中焕发出新的活力和魅力。

新农居建设的关键在于满足居住者生产和生活的双重需要。一般来说，农居由住宅、辅助设施和院落组成。院落中，后院通常设有传统设施如厕所、禽畜圈和沼气池，前院则包括农具放置场地和晾晒场地等功能区域。随着农业机械化的全面实现，农居形式可能会发生改变，生活生产方式也会有巨大变化。因此，新农居建设需要具备预见性和超前意识，合理规划以适应未来发展。这意味着新农居设计应考虑如何整合现代化技术与传统设施，以提高生产效率和生活舒适度。同时，也需要考虑如何保护环境、节约资源，以实现可持续发展。

2. 农田与树木的布局美

在景观设计和生态保护的语境中，植物在农村地区扮演着不可或缺的角色。植物与土地的利用和环境变化密不可分。树木不仅仅是为了美化环境，它们还具有重要的生态功能。例如，它们有助于水土保持，减少土壤冲蚀，保护地下水层。植被能够固土涵养水分，稳定坡体，抑制灰尘飞扬和土壤侵蚀，从而保护土地生态系统的稳定性和可持续性。此外，植被作为生物栖息地的基础，对生物多样性的维护至关重要，为各种生物提供了食物和栖息地。

　　然而，目前的农村景观存在一些问题。在大多数农村地区，缺乏树木美化的情况比较普遍，而且树种单一，缺乏观赏性，这导致了景观的单调和缺乏吸引力。虽然农村景观美化可能带来经济利益，如吸引游客、提高当地居民的生活质量等，但这一潜力尚未被充分意识到和利用。

　　为了改善农村景观，有几点建议可以考虑。首先，可以在农田中配置观赏性树木，以增加整体美感。这些树木可以根据当地的气候条件和土地利用情况进行选择，确保它们能够适应当地环境，并且具有良好的观赏性。其次，不同类型的农田景观可以配置不同类型的植物。例如，在山地或丘陵地区可以种植一些具有护坡功能的灌木，而在平原地区可以种植一些高大的乔木。最后，果树是一个良好的选择，它们不仅具有花期和果期的观赏价值，还能创造经济价值，提高农民的收入。通过种植果树，农民不仅可以享受到美丽的景观，还能够获得额外的经济收益，从而激励他们更加积极地参与到农村景观美化的活动中来。

　　农村环境美化旨在创造一个既经济实用又美观宜人的乡村景观，其成功实现需要兼顾经济和观赏效果。在行道树的选择上，杨树被认为是一种理想的选择，因其具备快速生长和多季景观效果的特点。其迅速的生长速度可以快速形成绿荫，为道路两旁带来清新的氛围，其多季景观效果也能够为农村环境增添层次感和变化。

　　在新景观设计中，单一的杨树可能无法满足人们对于多样化景观的需求。因此，设计者需要注重各种树木的观赏性，包括花木和叶色树种等。通过合理的配置和搭配，可以形成丰富多彩的田园风光和景观色彩，为农村地区注入生机和活力。设计者还需充分考虑地区的适性，选择适合当地气候和土壤条件的树木，确保其生长健康且能够充分展现其观赏效果。因此，农村环境美化的成功实现需要综合考虑经济效益和观赏效果，选择适合快速生长且具备多季景观效果的行道树，同时注重多样化的景观设计，合理配置不同观赏效果的树木，以打造出适应地区特点、美观宜人的乡村景观。

3. 创新和开发地方特色产品

在当今市场竞争日益激烈的背景下，利用本地资源创新打造品牌已成为许多地方推动经济发展的重要策略之一。其中，生产有机农产品不仅是一种创新的方法，更是展示地域特色的有效途径。然而，尽管各地打造的品牌农产品种类繁多，但却存在鱼目混珠的现象，如江苏的阳澄湖大闸蟹。市场的混乱主要源于两个方面：法规与道德。在法规方面，人们的法制观念尚不健全，导致一些企业可以通过不正当手段获得竞争优势；在道德方面，社会公德缺失，唯利是图的心态使得部分从业者只顾眼前利益而忽视了品质和信誉的建立。此外，还存在着缺乏个性和长远眼光的问题，一些企业缺乏创新精神，只顾眼前利益，忽视了长远发展。为了解决这些问题，有几点发展建议可供参考：首先，鼓励创新发展，保护创造者的利益，激发市场活力；其次，开发本土资源，研制出具有自身特色的品牌产品，提升地方经济的竞争力；再次，建立公平竞争的市场环境，促进市场经济的健康发展，避免不正当手段干扰市场秩序；最后，要重视地域特色的长期发展，将品牌打造成为地方经济发展的重要引擎，为地方经济的可持续增长注入新的活力。

地方品牌的影响力已不再局限于商品本身，还扩展至环境等多个领域，如品牌观光区域、农庄、农产品、手工艺品以及老街等，这些都成为地域特色产品的一部分。这些品牌之所以备受欢迎，是因为它们具备独特的魅力，而非简单的模仿。要研发出地域特色产品，需要投入大量的精力和资源。这些品牌产品本身就是一种宣传，容易为人所熟知。以江苏盐城的胎菊茶、东台的西瓜为例，它们成为当地的代表性产品，因为它们蕴含了地方的文化和特色。名特产开发项目的多样性需要充分利用农村的生态优势，打造出绿色产品，这对社会的发展具有重要意义。开发本地新品种和绿色土特产品至关重要，好的产品才能受到欢迎。在现代社会，绿色产品备受青睐，它们不仅环保，而且具有创新性。因此，对于地方品牌的发展来说，开发绿色产品具有无限的前景。

第五节　乡村景观美学要素体现

在设计农村景观之前，理解构成农村景观美感的要素至关重要。这涉及对"美"的概念的把握。对于"美"的定义一直是备受争议、难以明确定义的问题。尽管人们普遍认知"美"的存在，但其形成和程度却因个人、地域和文化等因素而异。美感的获取不仅可以激发联想，扩展想象空间，还能触发人们内心深处的美好情感。然而，对"美"的具体解释却颇具挑战性。美学界对"美"的解释存在着差异，这是一个古老且至今仍未统一的问题。概括而言，"美"是一种由客观事物引发的愉悦、舒心、快乐、兴奋以及带来美好心理感受的情绪。

一、乡村景观的美学价值

（一）美的产品能提升商品价值

在当今经济飞速发展的时代，美国在多个方面通过商业化运作获得了极大的利益。这一利益源于人们对商品不仅仅满足某种功能的需求，更追求功能与艺术完美结合的综合品质。在这种背景下，商家们意识到了商品美化对于销售的重要性，因此纷纷采取美化包装等措施，以提升商品的价值。这种美的追求并非仅限于商业领域，而是贯穿于时尚、美容、生活品质等各个方面，体现了人类的天性和本能。与之相关的是，人们为了追求美愿意承受各种代价，这显示了美在现代人心中的重要价值。因此，美的追求不仅带来了商业利益，更是对个体心理需求的满足。这种对美的追求不仅仅是物质层面的，更是对内心精神境界的追求，是对生活品质的提升，展现了现代社会对于美的重视和追求。

美感是一种多维的体验，不仅仅局限于视觉领域，味觉也能带来愉悦的美感。古人早已将美与丰盛的食品联系在一起，意识到美食不仅是口腹之欲的满足，更是一种心灵的愉悦。这种关系深深植根于农村环境，因为农村环境与食物生产直接相关，农产品是人类生活食粮的重要来源。因此，美食不仅满足了味蕾，更是连接着人们与自然的纽带。然而，美食给人带来美好心情的前提是，它必须是自然、健康、安全的。在当今社会，绿色食品成为这一理念的代表。绿色食品不仅关注营养和口感，更注重生产过程中的环保和可持续性，确保了食物的安全和纯净。只有这样的食物才能真正给人带来美好心情，并在人们的日常生活中发挥积极作用。美食具有诱惑力，一次次的品尝经验改变了人们对食物的看法。然而，尽管科技的发展改变了农产品的生产方式，有时人造环境中的食物口感无法与自然生长的相比。这就凸显出了美食认可的多样性。美的认可并不仅仅取决于外观，品尝经验同样至关重要。人们通过品尝食物，从中体会到美感，这是一种实实在在触及内心的体验。美是一种综合的体验，不同感官的刺激都能给人带来愉悦和美感。无论是视觉上的享受，味觉上的愉悦，还是触觉上的满足，都能唤起人们心中对美的向往。

美感是吸引消费者的重要因素，因为吸引人的商品通常都具备一定的美感。这种美感不仅仅是外观上的，还包括产品所带来的愉悦感和心理满足感。事实上，真正受人喜爱的商品通常能够创造和提升价值。近年来，随着现代城市生活方式的普及，肥胖等健康问题日益突出。因此，杂粮作为一种健康的饮食选择变得越来越受欢迎，价格也随之上升。农村地区具有生产和加工杂粮的优势，可以根据市场需求，利用本地资源生产各类美食。农村还可以挖掘本地特色的土特产品，通过品牌塑造提升商品的价值。除了产品本身的特色美味外，包装也是至关重要的一环。简单、环保、朴实大方的包装设计能够吸引消费者的眼球，增加购买欲望。此外，农产品的深加工可以形成系列产品，有利于形成地方特色，并提升美誉度。真善美的理念是提高商品美誉的基准，因此需要创造有特色的农产品和深加工食品。这些食品不仅要味道好，更要符合健康、环保等现代消费者对产品的追求。

（二）美的环境具有观赏价值

美的环境是指能够给人带来愉悦、舒适和心旷神怡感受的环境。这种感受不仅来源于视觉上的美感，还包括其他感官的体验，如嗅觉、听觉和触觉。农村的美的环境具体体现在生态的自然环境、丰富的田野景观和整洁的村庄环境中。

在农村的田野中，人们可以欣赏到金灿灿的油菜花、绿油油的麦苗、粉红色桃花盛开的果园等美丽的景观。田野中散发出的泥土芬芳、禾苗清香以及沙沙声也给人带来愉悦的感受。这种丰富的自然景观和多样的感官体验构成了农村环境美的整体印象。

村庄的整洁卫生和自然朴实也是农村美的重要体现。一个整洁干净、有秩序的村庄能够反映村民的生活习惯和文化素质，而不一定需要金钱堆砌。这种自然而美的环境对城市人尤为吸引，促进了农村旅游业的兴起和发展。

农村的美丽环境不仅给人带来愉悦，还具有经济价值。乡村旅游业的发展带动了农村经济的增长和农民收入的提高。通过创新和打造美的环境，农村可以吸引更多的游客，促进城乡交流和协调发展，从而优化农村环境、提高村民生活质量，并带动相关产业的发展。

因此，农村景观环境的提升需要注重创新和美的打造，以吸引更多游客和投资，促进农村经济的发展和农民生活水平的提高。

（三）美的健康环境能创造生命价值

美的健康环境对人类生命的创造和价值具有重要意义。农村的自然环境和健康气息为人们提供了宝贵的生命资源，通过植物的光合作用净化空气、提供新鲜氧气，使人们在这样的环境中呼吸更加舒畅。相比之下，城市中人工物的堆砌和空间的限制可能会带来空气污染和紧张情绪。因此，农村健康环境的自然生态和新鲜空气是创造生命价值的重要因素。

农村环境的优美和健康还体现在农作物的种植和家禽的喂养中。农村是食物的生产基地，提供了安全健康的食品来源。在自然、生态、安全和健康的环境中种植粮食和喂养家禽，才能保证生命的健康和价值。人类的健康和长寿与健康的环境密切相关，因此保持健康的环境对于人类的生存和发展至关重要。

新农村景观的开发需要顺应现代城市人的需求，提供最人性化、自然生态和悠闲宁静的优质环境。农村美丽的田野和新鲜的食物对城市人具有巨大吸引力，可以缓解他们长期在快节奏生活中累积的压力和紧张情绪。农村的健康环境对城市人来说是一种宝贵的休憩和调节，可以让他们体验到自然纯朴的生活情趣，享受农村生活带来的愉悦和放松。

然而，一些地方在农村景观的开发中存在着误解和盲目追求城市化的倾向。城市化的建设可能导致农村原本的乡土特色和自然生态被破坏，失去了农村本身的魅力和生命力。因此，农村景观的保护和开发需要注重保持农村的本质美和乡土特色，充分发挥农村健康环境的优势，吸引更多的游客来观赏体验，创造和提高地方的经济收入。

综上所述，美的健康环境是创造生命价值的重要条件之一，农村景观的保护和开发需要注重自然生态和健康环境的打造，以满足现代城市人对于健康、放松和休憩的需求，促进城乡交流和经济发展的协调。

（四）美的心情来自快乐的参与活动

参与活动是人们感受美的重要途径之一，尤其在农村环境中，各种劳动体验和采摘活动能够带来愉悦和满足的心情。农村作为农副产品的生产基地，拥有丰富多样的劳动形式和参与活动，如耕种、农田管理和收获等，这些活动不仅能够让人们体验到农村生活的美好，也能够增加他们对农业劳动的了解和尊重。

在农村旅游中，人们最感兴趣的活动通常是采摘。这一活动直接将劳动与收获联系起来，使参与者能亲身体验劳动的感受，并通过自己的劳动获得收获的喜悦。不同于在超市购买物品，采摘过程中包含了自己的劳动代价和快乐心情，使人们更充分地体验到收获的喜悦和满足，丰富了生活经验。采摘活动不仅仅是一种娱乐，更是一种与大自然亲密接触的方式，让人们重新感受到与土地相连的美妙。通过亲自采摘，人们能够更好地理解食物的成长过程，增进对自然的尊重与感恩，这种体验带来的心灵愉悦是超市购物无法比拟的。

劳动的快乐不仅仅是一种个人体验，也是教育的重要内容。通过劳动体验，青少年可以感受到农民生产劳动的辛苦，培养不怕苦、不怕累的吃苦精神，同时也能够爱惜劳动果实、珍惜资源。学校经常组织学生到农村参与劳动活动，可以帮助他们树立正确的价值观，培养健康成长所需的品德和意识。

二、农村景观美感的基本元素

农村景观的美感元素主要源自其本土特色和传统文化，包括优美的自然景观、独特的乡土建筑、生动的农村生活场景以及丰富的乡村文化元素。通过突出地方特色、凸显原汁原味的乡土风情，农村景观设计可以吸引人们的关注并引发共鸣，从而提升其审美价值和吸引力，为农村带来经济利益和繁荣景象。

（一）自然形态之美

农村的自然之美是无处不在的，从清晨的朝阳到傍晚的晚霞，从春日的烂漫花海到冬日的银装素裹，大自然的美景无时五刻都在向人们展示着它的魅力。除了视觉上的美感外，自然还赋予了人类生命的功能美，是人类生存的源泉和依托。农村景观设计应当以突出地方特色、体现原生态风貌为目标，让人们在自然环境中体验到无限的美好和惬意。农村的自然美不仅在于其美丽的形态，更体现在与人们生活息息相关的各种环境体验中，这种美好的体验对于现代人来说尤为珍贵。因此，农村景观设计应致力于保护自然生态、调整人与自然的和谐关系，以维系和发扬农村的自然美，促进农村生产生活的繁荣与发展。

（二）生产生活之美

农村的生产生活之美体现在农民勤劳、智慧、勇敢、吃苦、耐劳的精神上，以及村庄与田地之间相辅相成的和谐关系中。田地是农民赖以生存的基本生产资料，承载着农民的希望和期盼。传统的农田形态以及村庄布局记录了人与土地之间的密切联系，展现了农村生产生活的美好与和谐。

在传统耕作时代，田地的形态多样，农民们在田间劳作，呈现出一幅集体的生产景象，体现了人的力量和集体的智慧。而现代化的农村生产方式则带来了生产效率的提升和生活方式的改变，机械化的农耕使农民真正从劳苦中解放出来，同时也塑造了新的农村景观。现代化农村的景观特色包括视野开阔、通透，视觉整齐壮观，居住相对集中，展现了现代科技与农村生活的和谐融合。

无论是传统生产方式还是现代机械化实现，都蕴含着农村生产生活景观中的审美价值。从不同的角度观赏，都能发现农村生产生活中蕴含的真善美之美。

（三）历史文化之美

农村的历史文化之美体现在建筑、村庄生活环境以及民俗风情等方面。每个农村都受到不同时代经济文化的影响，保留着自己独特的历史文化积淀。这种文化遗产不仅具有审美价值，而且能够给现代人带来许多启发和联想，因为祖先的智慧和创造永远是人类的财富。

农村的建筑形式，如土墙茅草房、竹楼、木屋、土楼等，记录了当地历史文化的特色和审美传统。古老的建筑不仅具有防犯避灾的实用功能，还体现了劳动人民的聪明和才智。例如，安徽皖南西递宏村古村落以其原始、生态、古老的茅草屋建筑闻名，展现了古代农民的智慧和技艺。这些建筑物不仅美观，而且具有生态环保功能，给现代人留下了深刻的印象。

农村的历史文化之美还体现在民俗风情方面。民间传统活动如红白喜事、祭事、庙会、灯会、赛龙船等，是农村人们生活中不可或缺的精神活动。这些活动传承了丰富的历史文化内涵，反映了人们对生活的热爱和向往。通过挖掘和展示本地的历史文化特色，可以丰富农村文化生活，为农村旅游开发提供更多的观赏和体验空间。

综上所述，农村的历史文化之美体现在建筑、村庄生活环境和民俗风情等方面，这些文化遗产不仅具有审美价值，而且能够启发现代人对生活的思考和理解，丰富了人们的精神生活。

第四章 乡村建筑规划与民居保护设计

第一节 民居建筑设施的规划

一、人居住宅的类型

（一）构架式住宅

这种类型的住宅代表了中国乡村住宅的主流形式，其特点是采用木结构，通常以主房为中心，周围围合着厢房或天井，形成了"四合院"或"三合院"的布局。南方地区的构架式住宅与北方略有不同，南方的天井更小，更多用于排水和采光。这种布局反映了中国古代家族文化的特点，同时也能满足家庭生活的需求，提供了私密性和社交空间。

（二）干栏式住宅

干栏式住宅主要分布在中国的西南部地区，如云南、贵州等，适应了这些地区的特殊气候和地理条件。它的底层架空可以避免地面潮湿和防止野兽入侵，而上层作为居住空间则提供了相对安全和舒适的居住环境。这种建筑形式体现了对当地自然环境和生活方式的适应，是一种智慧的结晶。

（三）窑洞式住宅

窑洞式住宅是中国中西部地区特有的建筑形式，其主要特点是利用黄土地质特点，通过挖掘出拱形的窑洞来建造住宅。这种住宅不仅经济实用，而且冬暖夏凉，适应了当地的气候条件。窑洞式住宅的建造技术相对简单，符合当地资源和劳动力的实际情况，同时也反映了人们对于自然环境的利用和适应能力。

这三类乡村住宅类型的存在不仅满足了人们对于居住的基本需求，更体现了中国古代智慧和文化传统在建筑领域的延续和发展。随着现代化的进程，这些传统建筑形式也在与现代建筑理念和技术的结合中不断演化，为乡村发展提供了新的思路和可能性。

二、人居住宅的平面布局

（一）单体住宅布局

传统民居以其简洁的平面组合和明确的功能分区而闻名。其不仅易于农民接受，更与当地经济发展水平和农民实际需求相契合。然而，随着社会的发展，新型住宅设计必须吸收传统形式的优点，并改善其缺点。这包括科学化的设计，如合理的采光、通风和卫生设施。在新型住宅设计中，必须考虑到家庭成员的日常活动需求，同时兼顾生态环境保护及其可持续发展的要求。因此，设计师应在保留传统韵味的同时，结合现代科技和设计理念，打造更适合当代生活的住宅环境。

1. 堂屋的布置

农村住宅的堂屋与城市住宅的客厅相比，功能更为复杂。通常情况下，乡村家庭的堂屋位于底层，承担着多重职能：接待客人、从事家庭副业活动，同时也是室内交通的核心。传统的农村堂屋家具简单，主要由桌、椅、条案等组成，同时还会保留一定的空间用于临时摆放其他物件。相反，位于楼层上的堂屋主要用于家庭聚会、青年人的日常活动和娱乐。这些堂屋通常配备了更多样化的家具，如沙发、茶几、组合家具等。这些装饰品的增加不仅提升了空间的舒适性，也增添了家庭生活的情趣。

根据功能需求，堂屋通常位于两侧卧室中间或一侧，但必须谨慎布置，避免将其分割，以确保充分利用其空间，并保持平面形式的多样性。此外，考虑到与其他区域的相互关系也是至关重要的。在布置堂屋时，必须考虑到与卧室、厨房、楼梯、院子以及凹室等的相互关系，以确保布局的协调性和流畅性。

在平房设计中，通常会将堂屋作为活动中心。堂屋与卧室相连，开门通向门廊，后部经走廊通往厨房、厕所和内院等区域，这种布局灵活自由，为家庭活动提供了便利。

然而，在某些设计中，在房屋布置上可能存在一些限制。虽然堂屋通过道与卧室、厨房相连，楼上的卧室通过楼梯和底层的堂屋连接，但家人上楼需要穿过堂屋，这可能会带来一些不便。

另外，江南一带的楼房住宅设计也很有特点：底层的堂屋与厨房相连，兼具餐厅功能，二层则设有起居室，平面位置有所变动。这种设计不仅考虑了功能的合理性，还充分利用了空间，并提供了不同层次的生活空间。

2. 卧室的布置

卧室的布置往往围绕着堂屋展开，这需要考虑安静、舒适和私密性等因素，以确保住户的居住体验；避免卧室之间相互穿插，以保持私密性。卧室与堂屋相连，这种布局既方便内外联系，又能提供一定的隔离空间，使居住者既能享受私密性，又能保持与家庭其他成员的联系。考虑到家庭成员对空间需求的不同，不同大小的卧室应该得到合理搭配，以满足各个成员的需求，从而提高住宅的居住舒适度。农村地区的产业结构变化对居住形态产生了影响，住宅设计应当因地制宜。这意味着设计师需要考虑当地的地理环境、气候特点以及居民的生活习惯和文化传统，来设计符合当地实际情况的住宅。

例如，京津冀一带的多数农村楼房住宅就很好地体现了这一点。底层包括堂屋、卧室、卫生间和多功能小厅，同时在单层平房中设置了厨房和储藏室，以满足日常生活的需要。而在二层则设计有 3 间卧室，其中大卧室设有集热墙采暖，考虑到农村地区冬季气候较为寒冷的特点，这种设计能够有效提高居住者的生活舒适度，体现了因地制宜的设计理念。

广东沿海地区的住宅展现出几个显著特点：第一，平面设计紧凑，堂屋、卧室、楼梯间结合度高，充分利用空间。第二，各用房面积宽敞，大、中、小卧室搭配适宜，满足不同家庭的需求。第三，住宅朝向良好，尺寸适宜，能够有效利用自然光和空气。第四，这种布局可供两户或多户组合，有利于小区规划和资源充分利用。

3. 厨房的布局

（1）独立式

户外厨房的显著特点在于其布置于住房之外，与居室脱离，避免烟气影响卧室，通常保持较好的卫生条件。户外厨房便于因陋就简，利用旧料，居民可自行修建，提高了生活质量。然而，其缺点在于在雨雪天气下使用不太方便。

（2）毗连式

这种类型的主要特点是厨房布置于住房外和居室相毗连，出入十分方便，不会受到风雨的影响，既能够和居室连建在一起，亦能够因陋就简，利用旧料相毗连而建，比较容易修建。

（3）室内式

在中国传统住宅中，厨房与卧室相连，采用"一把火"锅连炕的布局，是其主要特点之一。这种设计使得居民在家中烹饪更为便捷，同时节约了燃料，尤其在东北和华北地区得到广泛应用。然而，这一布局也存在缺点，若通风组织不当，烟气会对卧室环境产生影响。此外，施工时需要与居室一次性建成，这增加了建造难度和成本。

4. 庭院布置

在低层农村住宅设计中，庭院在主要从事农、牧业生产的地方具有重要作用。庭院不仅在农副业生产中起到显著作用，而且在平房住宅中，庭院往往成为住宅平面布局的中心。根据住房和生活院、杂物的位置关系，普通农村庭院布局可分为几种类型，如前院型、前庭后院型、前侧院型、后院型和天井院型。每种布局类型都有其独特的优势，能够适应不同的生活和生产需求。通过合理的庭院设计，可以实现功能划分，如将庭院与平面布置相结合，形成适合农牧业生产和家庭生活的多功能空间。案例分析表明，北京地区的农宅布局特征采用以堂屋和厨房为核心，使用前庭后院的布局方式。这种设计不仅保持了各功能区的独立性，又通过改进功能分区，使生活更加便利，并改善了卫生条件。

在设计农村住宅时，院落的使用是关键因素。独户使用的院落被认为是最佳选择，因为它能够有效减少相互干扰，避免多户共用的大杂院所带来的混乱和不便。事实上，多户合用的大杂院并不受农民欢迎，主要原因是缺乏隐私保护和生活质量的下降。

住宅环境卫生也是设计中的重要考量。平面布置应特别注重卫生条件，合理安排猪圈与厕所的位置，以便于积肥。牛羊圈则应靠近柴草贮存处，方便管理。同时，设计时必须避免畜禽圈舍对居住区的干扰，确保居住环境的舒适和清洁。

在设计过程中，必须考虑气候特点、地方条件和民族生活习惯。例如，黄土高原地区由于雨量少，传统窑洞具有冬暖夏凉、简朴经济的特点。这种传统居住形式在现代条件下仍然具有利用价值。通过在传统经验的基础上进行科学改进，解决通风与渗水问题，窑洞仍能满足现代人的居住需求，提供一种经济实用的住宅选择。

在农村住宅设计过程中，需要关注以下关键点，以确保住宅的实用性、安全性和经济性。首先，设计应具备空间灵活性、多样性和适应性，以满足不同家庭和用途的需求。其次，房间的平面尺寸必须符合国家制定的各项标准化措施，确保设计规范和建筑安全。最后，提倡使用适合当地农村推广的新型结构体系，以提高施工效率和结构性能。房屋结构设计必须具备足够的抗灾性能，以保障居民的安全，同时在经济性方面要做到合理。施工方面，设计应基于当地实际情况，做到施工简单、操作方便，有利于快速建设。材料选择上，有条件时应尽量使用轻便的预应力混凝土小构件等材料，同时大力提倡使用新型墙体材料，适当限制使用实心黏土砖，以保护环境。设计还应因地制宜，就地取材，充分利用当地优质资源，以降低成本。土地利用方面，必须注意集约利用土地，避免浪费。此外，尽量采用现代化的新技术来完善农村住宅设计，提高住宅的整体质量和居住舒适度。通过关注这些关键点，农村住宅设计将更符合实际需求，推动农村地区的现代化发展。

（二）住宅群布局

在新村建设的居民点规划过程中，需要遵循一系列关键点以确保规划的科学性和可行性。

第一，建筑规划必须与当前的农村经济基础和农业发展状况相结合。在规划过程中，应综合考虑本地区的山、水、林、田、路等自然因素，进行长期的科学规划。充分利用现有自然村的基础设施，保留并利用原有的房屋、道路、水井和绿化等有利因素，同时逐步改造那些影响农业发展的不利因素。

第二，规划布局需要合理安排，以利于生产和生活。居民点内部的布局设计应当全面考虑到生产的便利性和生活的舒适性，从而实现生产与生活的良性互动。

第三，居民点的用地安排要因地制宜，注意节约用地。居住、公共和生产用地的分配应科学合理，尽量避免占用或少占用良田耕地，并分析各类用地之间的比例关系，确保土地资源的高效利用。

第四，考虑到集体经济在资金、材料和劳动力等方面的限制，建议采取分期逐步建设的方针。这种方法不仅能有效缓解资源压力，还能根据实际需求进行灵活调整。

第五，住宅区的建筑群布置应结合地形、环境和气候条件。常见的布局形式包括沿道路或河流布置、成块布置以及随地形自由布置等。通过合理利用地形和自然条件，可以有效提升居民区的整体品质和宜居性。

1. 沿线布局

这个地区的房屋布置及地理特征有着明显特点。房屋通常沿着道路或河流排列，充分利用地势优势，使得布局紧凑而整齐。尤其在南方的河网和平原地区，每栋住房都朝向南北，以最大程度地利用阳光。然而，这种规整的布局使得整体呈现出一种单调的感觉，尽管地势平坦且排列容易，但缺乏灵活性和创意。对这种布局，可以将其划分为两种类型，以更好地理解其特点与局限性。

（1）左右排列

居民点通常沿着东、西走向的河流或道路排列，形成带状布局。在这种布局中，住房和少量公用设施依次相邻，沿着河流或道路的一侧或两侧排列。这种布置简单且整齐，有利于农民下地距离近，用水方便，同时也确保通风采光条件良好，保持整洁卫生。这种布局适用于小规模的居民点，住房相对较少。然而，当居民点规模较大时，这种布局会导致居民点拉长，使得住户之间联系不便，同时也不利于公共设施的布置和基础设施的建设。此外，由于外观单调呆板，这种布局也不利于防火工作的开展。

（2）前后排列

南北走向的河流或道路旁的居民点通常采取沿河一侧或两侧排列的建筑布局，有时呈一排排的形式。这种设计旨在确保房屋获得良好的日照和通风，同时保持整洁方便使用。然而，规模较大的居民点可能导致住户之间联系不便。这种布局在外观上与城区居民点相似，但在发展上是成片布置的过渡形式。这种排列方式在沿河地区或道路旁是常见的，它不仅提供了便利的生活条件，还考虑到了环境因素的影响，如阳光照射和空气流通。

2. 成块布置

在北方地区，居民点呈现集中的趋势。这种集中主要体现在块状布局上，住宅群以生产小队为单位，形成紧密相连的建筑群。这些建筑群通常以组团的形式存在，周围围绕着道路形成街坊，几个生活基本单元环绕着大队公共中心，形成了不完整的农村居民点。在这种布局下，各单元之间留有一定距离，房屋排列多样化，可采用周边式、自由式或夹杂行列式。这一布局特点不仅能够缩短交通路线，便于邻里之间的联系，还能有利于组织绿化环境、保持安静的生活环境，并能够充分利用集体设施作为中心。由于紧凑布置，这种建筑形式也有利于管线等基础设施的铺设，并能够节省建材，因此特别适用于规模较大的居民点。

3. 自由布置

在规划居民点时，通常采用自由布置，相较于沿线排列或成块布置，更具特殊性。对于复杂地形的规划设计，首先需要研究地形和用地条件，选择标准类型住宅，并结合地形布置。理想的住宅布局应该选址在自然环境良好的地段，临近的土地且水面利用不得对居住地的安全、卫生和安宁造成影响。以温州市永中镇小康住宅示范小区为例，其延续了传统水乡空间肌理，通过人工河、联立式住宅、街巷转折等布置，创造了丰富的过渡空间，紧邻绿地的住宅架空层则为居民提供了交往和聚会的场所。此外，借用传统城镇环境符号如台门、亭子、石拱桥等，能够强化环境特色，形成清晰结构、合理布局、地方特色鲜明的小康住宅区。

在规划农村居民点时，绿化配置是至关重要的考虑因素。它不仅可以美化环境，实现大地田园化效果，还能改善居民生活质量。绿化不仅提供了木材和经济作物，还在内部与建筑物结合，起到遮荫和防风沙的作用。在住宅群布局上，应避免单一形式，而是注重统一、灵活、多样性和变化。根据实际情况选择住宅组合方式和院落形状，合理调整道路间距，符合日照、通风、防火要求，同时贯彻执行节地、节能原则。此外，道路走向也应清晰、主次分明，避免过长巷路，以确保安宁的居住环境。

（三）住宅布局的原则

1. 生产与生活区分

通过将生产区域（如厨房、卫生间）与生活区域（如卧室、客厅）分开，可以有效减少生活区域的污染，并确保家庭成员的生活质量。这样的布局不仅有助于提高卫生水平，还能提升居住舒适度。

2. 内与外区分

设立户内外过渡空间（如更衣换鞋的区域）有助于保持室内外环境的干净整洁，并防止外部污染物进入住宅内部。同时，合理规划客厅、客房及客流路线，可以避免家庭生活区域的混乱和交叉，提高整体居住质量。

3. 公与私区分

将公共活动空间（如客厅、餐厅、过道）与私人空间（如卧室）进行明确区分，有利于维护家庭成员的私密性和个性空间，提高家庭成员之间的和谐关系。这种布局也有助于实现"静"与"动"的合理分离，提供了舒适的生活环境。

4. 洁与污区分

将基本功能区域与附加功能区域进行区分，有助于降低清洁区域的污染程度，保持居住环境的清洁卫生。通过远离清洁区域的设置，可以减少污染源对住宅环境的影响，提高居住质量。

5. 生理分居

根据家庭成员的年龄段和性别特点进行房间分配，有助于满足不同年龄段家庭成员的特殊需求，并提供个性化的居住空间。这样的布局可以增强家庭成员之间的私密性和独立性，促进家庭成员的健康成长和发展。

第二节　乡村生态社区建设

一、生态文明建设与乡村生态社区建设规划

生态文明建设着眼于人与自然的和谐共生，强调了对生态环境的责任意识、资源的可持续利用、生物多样性的保护以及经济的绿色发展。而生态规划则是在此基础上提出的，旨在通过科学规划和管理，实现区域内生态环境和社会经济的协调发展。

生态文明建设的核心理念包括对生态环境的保护与改善、资源的合理利用、经济的绿色发展、社会的和谐进步。在此基础上，生态规划的出现强调了在城乡规划中充分考虑生态因素，以实现城乡的可持续发展

和生态环境的良好状态。

生态规划通过对区域生态环境和自然资源的全面调查、分析与评价，确定最适合地区的土地利用规划，以环境容量和承载力为依据，将生态建设、环境保护、资源利用、社会经济发展有机结合起来。生态规划强调在城乡规划中充分考虑生态评价与预测、生态的安全格局、用地生态适宜性评价等因素，以确保城乡发展的生态可持续性和人与自然的和谐共生。

总的来说，生态文明建设和生态规划是相辅相成、相互促进的关系。前者强调理念和价值观的塑造，后者则在具体实践中贯彻了这些理念和价值观，共同推动了城乡发展朝着更加生态、可持续的方向前进。生态文明建设需要生态规划这一有力工具的支持，而生态规划也需要生态文明建设的指导和推动，二者相辅相成，共同构建了人与自然和谐共生的美好家园。

二、乡村生态社区的总体规划布局

（一）村庄的发展与总体规划布局

在村庄总体规划布局方面，考虑未来发展方向和方式至关重要。这包括但不限于生产区、住宅区、休息区、公共中心和交通系统的规划。然而，一些村庄由于条件优越，发展速度快，可能在规划期前就达到规模，因此需要重新布局以适应新的发展需求。初始布局不足以应对发展的挑战，导致了一系列问题的出现。其中包括生产与居住用地不平衡，这导致了增加交通时间，同时也让用地功能不够清晰。对发展用地预留不足或控制不力，也妨碍了村庄进一步发展。绿化、街道、公共建筑分布不系统，原村庄中心转移到新建成区边缘，这进一步凸显了规划不足的问题。因此，需要重新组织公共中心，以确保村庄的正常建设和发展。这一系列问题的解决需要综合考虑村庄的特点、发展需求以及可持续性原则，以确保村庄的未来发展方向符合长远规划，同时保障居民的生活质量和环境发展的可持续性。

　　缺乏对村庄远期发展的预测重视、对客观发展趋势估计不足、忽视促进村庄发展的社会经济条件等因素，导致了评价和规划决策的失误。在这种情况下，科学规划乡（镇）域变得至关重要。科学规划需要依托可靠的经济数据，明确村庄发展的总体方向和主要发展阶段。而村庄发展过程中存在难以预见的变化，甚至可能导致村庄性质的根本改变。总体规划布局应具备适应变化的能力，这要求进行认真、深入和细致的研究。只有通过深入的研究，才能全面理解各种变化的潜在影响，并相应地调整规划策略以保持适应性。因此，科学规划乡（镇）域的重要性不仅在于提供可靠的数据和明确的方向，更在于其作为一个动态的过程，能够灵活地应对未来的变化，从而确保村庄发展规划的长期有效性。

（二）村庄的用地布局形态

　　村庄的用地布局形态受到政治、经济、文化、社会和自然因素的综合影响，因而呈现出多样化的结构。研究村庄布局形态的目的在于理解内部各组成部分之间的联系，以促进协调发展。这种布局的构成要素主要包括公共中心系统、交通干道系统和各项功能活动，彼此之间相互影响。从结构层次来看，村庄布局形态可划分为商业服务中心、生活居住中心和生产活动中心，呈现出圆块状、弧条状和星指状三种类型。在圆块状布局形态中，生产用地与生活用地的关系相对较好，商业和文化服务中心位置适中，这种布局有利于形成紧凑的社区结构，便于居民生活和交流，同时也有助于提高生产效率和资源利用效率。

　　弧条状布局形态通常受到自然地形限制或交通条件的影响。这种布局形态需要加强纵向道路布局，防止过度纵向延伸，在横向利用一些坡地进行适当发展，并按照生产和生活结合原则进行用地组织。

星指状布局形态由内向外发展是为了确保发展具有弹性和内外关系合理。在规划布局时，需合理划分功能区，以避免相互包围，保证各功能区的发展空间得以充分利用。例如，将生活区、工业区、商业区等功能区划分清晰，使其在布局上形成内外相连、相互支持的关系，既方便居民生活，又促进经济活动的有序进行。

（三）村庄的发展方式

村庄的发展方式在很大程度上受到各种因素的影响，包括地理条件、经济活动、人口规模等。以下是几种常见的村庄发展方式。

1. 由分散向集中发展，联成一体

邻近居民点若存在紧密的劳动联系和生产联系，可考虑行政联合，集中发展，形成更大的整体。通过行政联合，可以实现资源的共享与优化利用，提高公共服务设施的供给水平，同时也能够提升居民的生活品质和生产效率，推动区域经济的协同发展。

2. 集中紧凑连片发展

在自然条件允许的情况下，采用集中式布局是符合环境保护的重要举措。集中式布局有利于减少土地开发的面积，降低生态环境破坏的风险，同时也有利于节约基础设施建设的成本。例如，可以将各类主要用地连片布置，减少土地利用的碎片化，保护生态系统的完整性和稳定。

3. 成组成团分片发展

分散布局的村庄形成若干组团，各组团的劳动场所和居民区成比例发展，构成相对独立的公共福利中心。在分散布局的情况下，各组团之间的相对独立性有利于保持社区的自治性和文化特色，同时也可以更好地满足居民的日常生活需求和公共服务需求。

4. 集中与分散相结合的综合式发展

综合发展方式可初期采用连片式布局。随着发展需要逐步构建组团式居民点组成的村庄群，以旧村区为中心。这种发展方式既能保留传统村落的历史文化底蕴，又能满足现代化发展的需要，有利于实现农村区域经济的可持续发展和提升居民生活水平。

这些不同的发展方式都有各自的优缺点，选择合适的发展方式取决于具体的地理、经济和社会条件。综合考虑各种因素，选择最适合村庄发展的方式是非常重要的。

三、乡村生态社会功能结构规划

（一）生态结构规划理论基础

1. 生态系统服务功能

生态系统服务功能被定义为生态系统及其过程形成的自然环境条件与效用，提供人类所需的食品、医药、原材料，并构建维持地球生命的保障系统。其重要性在于为人类提供生存条件，包括食品和医药等，同时维持地球生命的保障系统，满足人类的生存需求。然而，这些功能受社会和经济发展水平的影响。在国家层面，社会经济的发展水平直接影响生态系统服务功能的提供与维持。尽管如此，总体来看，这些功能反映了生态系统的可持续性和环境的容纳能力，因为它们承载着人类生活所需的生态基础设施，以及人类与自然之间的相互依存关系。

2. 景观生态类型的划分

景观生态类型图是对景观生态特征的直观展示，揭示了景观的空间分布规律、特征和成因。其分类依据主要包括遥感信息、地面调查和其他相关图件。景观生态分类的原则涵盖多方面，首先是综合性原则，考虑空间形态、异质组合、发生过程和生态功能。其次是主导因子原则，考虑地貌形态、植被覆盖等主导因素对景观的影响。同时，实用性原则要求根据研究目的进行分类，保证分类结果能够满足实际应用需求。等级性原则体现了分类的层次性，有助于理清景观结构的复杂性。最后，还需要考虑其他原则，如功能上的关联和空间上的邻接性，以更全面地理解景观生态系统的内在联系和特征。这些原则共同构成了景观生态分类的基础，为深入理解和有效管理景观生态系统提供了重要支持。

（二）小城镇生态功能区划操作

1. 生态功能区划的依据

（1）工作区自然环境的客观属性

工作区的自然环境属性包括地貌、气候、水文、土壤和动植物群落等多个方面（表4-1）。这些属性直接影响着工作区的生态系统运行和资源利用，如地貌影响水文和植被分布，气候影响生态系统的运行，水文条件关系水资源利用、土壤质地和肥力影响植物生长，而动植物群落则构成了生态系统的重要组成部分。综合认识和分析这些属性，有助于合理规划和管理工作区，保护环境、促进可持续发展。

表4-1 自然环境客观属性的要素特征

序号	项目	内容
1	地貌类型	工作区的地貌特征及空间分异
2	土壤类型	工作区的土壤属性特征及空间分布
3	气候条件	工作区的气候特点及区内分异
4	水文特征	工作区的流域分布和水文特征
5	动植物资源	工作区的动植物资源特征及空间分布规律

（2）社会经济特征及发展要求

生态功能区划的制定必须全面考虑当地的社会经济状况和发展需求，以确保区划的科学性和合理性。在此过程中，应特别关注社会经济特征和需求的要素特征，详见表4-2。

表4-2　社会经济特征及需求的要素特征

序号	项目	内容
1	交通区位	工作区所处的地理区位及其在背景区域中的战略地位
2	土地利用	工作区现状土地资源利用的结构及空间分异
3	经济发展水平	工作区现状经济发展水平及地区差异
4	人口结构	工作区人口、劳动力组成与地区差异
5	产业特征	工作区产业结构、空间分布及调整走向等特征

（3）相关规划或区域

现有的相关区划包括多种类型，如行政区划、综合自然资源区划、综合农业区划、植被区划、土壤区划、地貌区划、气候区划以及水资源和水环境区划。这些区划提供了详尽的地理、生态和资源分布信息，为各类规划和管理提供了基础。在已有的相关规划中，涵盖了城镇总体发展规划、城镇土地利用规划、自然保护区建设规划、交通道路规划及绿地系统规划等多个方面。这些规划旨在优化土地使用、提升交通便捷性、保护自然环境以及增强城镇绿化系统的建设。参考的其他资料则包括国家及地方的调查资料、相关规划、标准和技术规范。其中，《环境空气质量标准》《地表水环境质量标准》《城市区域环境噪声标准》及《城市区域环境噪声适用区划分技术范围》等标准为环境质量的监测和管理提供了科学依据。同时，区域地质调查资料为规划和开发提供了重要的地质基础数据。

2. 生态功能区划的基本原则

可持续发展原则要求在进行城镇发展规划时，必须综合考虑生态环境保护。这样不仅可以增强社会经济发展的生态环境支撑力，还能够促进区域的可持续发展，从而实现生态与经济的协调共进。

以人为本、与自然和谐的原则强调将人居环境和自然生态保护置于首要位置，确保人类活动与自然生态系统的和谐共生。这种思路不仅保护了生态环境，还提升了人们的生活质量。

功能合理组合与功能类型划分相结合的原则强调要合理组合区域功能，结合不同生态服务功能类型，保持各地段间的连接性和一致性。这有助于形成一个整体协调的生态功能区，提高区域整体生态服务水平。

生态功能相似性和环境容量原则要求在区划过程中，充分考虑区域内生态功能的相似性，避免因盲目开发资源而导致生态环境的破坏。这一原则有助于维护生态系统的稳定性和健康发展。

可操作性原则强调选择简明、准确、通俗易懂的区划指标，这些指标应具有可比性和普遍代表性，从而便于信息交流和扩大应用领域。

3. 小城镇生态功能区划方法

（1）定性区划方法

定性区划方法的关键点包括地图重叠法、专家咨询法和生态因子组合法。地图重叠法利用 GIS 技术，通过叠加各种专题地图生成新的数据平面，以完成生态功能的定性区划。专家咨询法通过专家的意见和判断进行区划，其步骤包括准备工作底图、初步划分、图形叠加和讨论，直到达成一致结果。生态因子组合法分为层次组合法和非层次组合法。层次组合法首先使用一组组合因子判断土地适宜度等级，然后将这组因子作为一个新因子与其他因子组合判断适宜度；非层次组合法则直接将所有因子组合判断土地适宜度等级，其关键在于建立完整的组合因子判断准则。以上方法的综合应用，能够有效地体现生态功能区划的科学性、合理性和可行性。

（2）定量区划方法

多目标数模系统分析法的目标是在环境质量约束条件下，优化多目标函数，以求得满意的区划变量解。该方法通过计算机数字模型分析复杂系统，该系统由相对独立、不同主导层次及众多指标组成，最终用于评价和区划小城镇生态功能区。多元统计分析法则基于定性分区，采用多元统计分析方法，包括主成分分析、聚类分析和多元逐步分析，旨在通过这些分析方法求解区域区划问题。灰色系统分析法则利用灰色控制系统分析法处理区域数据。具体步骤包括将随机数据转化为有序生成数据，建立灰色模型进行运算，然后还原运算结果以得到预测值。

第三节 乡村历史文化村镇建筑保护规划

一、乡村历史文化村镇建筑的保护规划的误区

对乡村历史文化村镇建筑保护规划存在着一些误区，其中首要问题在于规划设计的不合理性。从以往的案例看，这些规划往往缺乏全面性和科学性，导致建设过程中出现种种问题。首先，许多美丽乡村建筑规划缺乏整体性考虑，主要是之前未进行充分的调查和了解，导致在建设过程中缺乏科学的布局和规划。管理者直接按照设计图纸施工，而不考虑乡村空间的特性，这进一步加剧了规划的不合理性。一些村落建设更是将可持续发展理念置之不顾，只为完成任务而忽略了对生态环境保护以及以人为本的意识。其次，乡村住宅建筑的设计也存在不合理之处。

随着经济的发展，村民对建筑功能提出了更高的要求，然而许多建筑是20世纪的老旧建筑，其储物功能和实用性已经无法满足现代生活的需求。特别是在社会老龄化趋势日益明显的背景下，乡村建筑缺乏为老年人提供服务的功能设计，如庭院设计和与生态环境的融合，这不仅影响了实用性和舒适性，也忽视了老年人在乡村生活中的特殊需求。

二、乡土建筑在乡村旅游中发挥重要作用

（一）居住功能

乡土建筑最重要的功能就是有一定的居住功能。旅游高峰期涌入大批的游客，本地的乡土建筑就必须承担起接待游客这一重任，建筑品质也会影响到旅游接待的档次，其中，装饰的美观度、舒适度，会对游客住宿的体验感起决定性作用。乡土建筑的品质达到一定的水平，客流量会随之增加，乡村旅游的水平也会相应提高。反之，游客评价较差，就会降低该乡村旅游的需求，会导致村庄发展趋于停滞。

（二）观赏功能

乡土建筑经历时间的变迁，凝聚劳动人民的智慧，内部空间布局具有一定的观赏价值，乡土建筑的观赏价值又叫作遗产展示价值，这是文化遗产的价值属性，使乡土建筑在旅游业中可以成为一件展品。许多传统乡村把乡土建筑作为当地的核心旅游特点，吸引大量的游客前来参观。正如笔者之前调研的肥西三河古镇，利用镇内遗存的乡土民居作为核心景点用来吸引国内外游客入住观赏，旅客入驻古镇游览既可以拍照留念，亦可写生作画，欣赏三河古镇的独有美丽风光的同时，领略到皖中地区乡土建筑的独特魅力。

（三）乡土建筑文化的物质载体

乡土建筑是乡土文化的物质载体，大力保护与更新乡土建筑有助于振兴乡土化建筑文化。乡村发展需要借助乡村旅游作为动力，乡土建筑文化随着时间的推移愈发重要。这种文化是与时俱进的，随着时代的发展，乡村经济的发展，持续地承载乡村变迁的回忆，实现乡土文化的传承。[①]

三、乡村历史文化村镇建筑保护规划设计的改善措施

（一）统筹城乡一体化建设

统筹城乡一体化建设是美丽乡村建筑规划设计的关键。在此过程中，必须将绿色、人文、智慧及集约的规划理念置于重要位置。具体项目建设应考虑乡村的人文历史、发展现状以及发展服务产业和旅游产业的条件。各方面规划需相互结合、落实到位，包括产业发展、土地利用、环境保护等规划。借鉴城市发展经验，将乡村建设与城市发展相结合，推动城乡一体化进程。在规划设计中需要考虑城市与乡村的融合，优化城乡发展格局，实现资源、产业、人才等要素的有机结合，促进经济社会的协调发展，实现城乡共同繁荣。

（二）建筑设计充分考虑农民需求

考虑农民需求的乡村建筑设计确实是一项关键任务，需要综合考虑多方面因素，以确保设计方案符合当地实际情况，充分考虑农民的实际需求。

---

① 郑嫣然．基于新乡土建筑背景下的浙西北民宿设计研究 [D]．浙江农林大学，2018.

1. 经济和产业特点考虑

对不同村落的经济和产业特点进行深入了解，考虑其主导产业类型和未来发展方向。基于这些信息，设计出能够支持当地产业发展的建筑布局和设施。如果某村以农业为主导产业，设计可以重点考虑农民家庭的生产空间和耕作需求；如果是旅游业发展较为突出，可以提供更多的民宿和接待设施。

2. 房屋结构和数量调整

根据农民的实际需求，适当调整建筑中客厅和卧室的面积，并考虑增加建筑数量以满足未来发展需求。这种调整可以通过灵活的设计来实现，确保房屋既符合农民的居住需求，又能够适应可能的变化，如增加房屋用于旅游接待或其他产业服务。

3. 功能区规划和灵活设计

在建筑规划中，应详细考虑各个功能区的布局和设计，确保能够满足农民生活的各种需求，包括居住、生产、休闲等方面。同时，在设计中留出一定的空间供农民自由发挥，可以根据个人的需求进行自主设计和改造，这样可以更好地满足多样化的需求。

综上所述，考虑农民需求的乡村建筑设计需要以实际情况为基础，综合考虑经济、产业、社会文化等多方面因素，确保设计方案能够真正地为农民提供舒适、便利和适应性强的生活环境。

（三）制定合理的标准体系

首先，标准体系应该考虑乡村的地理、文化和经济特点。不同地区的乡村具有不同的环境条件和发展需求，因此标准体系应该能够灵活地适应这些差异。这意味着标准体系需要在尊重当地文化传统的基础上，兼顾现代化建设的要求，以实现建筑与环境的和谐统一。

其次，标准体系应该注重可持续性发展。乡村建筑的规划和设计应该考虑资源利用效率、能源消耗、生态保护等因素，以确保建设过程和建成后的使用都符合可持续发展的原则。这包括采用节能环保的建筑材料、设计合理的排水系统、开展生态修复等措施，以减少对环境的负面影响。

再次，标准体系还应该强调社会参与和民主决策。农民作为乡村建设的主体，他们的意见和需求应该得到充分尊重和考虑。因此，在制定标准体系的过程中，需要建立起多方参与的机制，包括政府部门、专业设计机构、农民代表等，以确保决策的民主性和透明度。

最后，标准体系的制定需要有相应的监督和评估机制。只有通过对建设过程和成果进行监督和评估，才能及时发现问题并加以解决，确保建设的质量和效果。这需要建立起专门的监督机构或委员会，以监督乡村建设的各个环节，促进标准体系的有效实施。

综上所述，制定合理的标准体系对于确保乡村建设的质量和效果至关重要。通过充分调研农民的意见和需求，并结合可持续发展的原则，建立起灵活、包容、可持续的标准体系，才能更好地实现美丽乡村建设的目标。

第四节　乡村民居建筑的更新与保护设计

一、乡村民居建筑保护措施和更新方法

（一）静态保护模式

静态保护模式作为一种保护乡村民居建筑的方法，通常通过规定保护范围、限制建筑的高度、规模和风貌等方式来实施。然而，在实践中，静态保护模式存在一定的局限性。它主要侧重于对建筑物理特征的保护，而忽视了乡村民居建筑所蕴含的丰富非物质文化遗产的重要性。

在静态保护模式下，对乡村民居建筑的保护通常仅限于其物质遗产，而忽视了其周围环境和传统文化等非物质文化遗产的保护。这种单一侧重于物质遗产的保护方式，可能导致对乡村民居建筑历史文化内涵的不够重视，使得其在保护过程中失去了对非物质文化遗产的全面保护。

此外，静态保护模式还可能存在未来规划不足的问题。它往往只关注当前的保护，而缺乏对未来发展的规划考虑。这可能导致乡村民居建筑在长期发展中面临适应性不足的困境，无法有效地融入当代社会，并满足经济发展的需求。

因此，在保护和更新乡村民居建筑时，不仅需要关注其物质遗产，还应充分考虑其非物质文化遗产，并结合深入调研，制定全面的保护策略。这种策略应当注重乡村民居建筑与周边环境的融合，以及未来发展规划的综合考量，从而实现对乡村民居建筑的全面保护和可持续发展。

（二）动态保护模式

动态保护模式的概念最早源自美国于 20 世纪 50 年代，特别是在 1958 年，首次将工业动力学与动态规划相结合，提出了动态规划的控制方法。福莱斯特教授和贝尔曼等学者认识到，事物的发展与过去的决策密切相关。这一创新的引入在工业领域带来了重大变革。随后，这一概念得到进一步完善和应用，为未来的发展奠定了基础。动态保护模式的核心思想是通过及时调整决策，以适应环境的变化，从而最大程度地保护系统的稳定性和可持续性。

动态保护模式主张在乡村民居建筑的保护与更新中，应将历史遗产与现代发展相结合，以确保当代城市建设能够达到最优状态。在规划乡村历史建筑时，需要考虑长远的发展规划，并在建设过程中与时俱进，将历史与未来紧密结合，以避免后期规划中出现新的问题。历史建筑保护应当适应现代发展需求，发挥自身价值。城市规划的后期阶段应该采取渐进的方式展开，提供弹性指标以支持滚动开发，从而实现持续规划、有序控制城市的发展。在这一进程中，应合理利用和开发乡村历史建筑，将其融入城市发展的蓝图中。动态保护模式旨在保护历史城区的完整性，同时确保其可持续利用，促进历史文化的不断发展。现代城区与古城区的发展应该和谐统一，形成动态保护区，既保留了传统文化底蕴，又适应了现代城市的需求。最终目标是让历史文明在当今时代焕发出生命力，不仅停留在过去的辉煌，更能与当代社会相互融合，为城市的发展增添独特魅力。

（三）整体保护模式

整体保护模式在乡村民居建筑的保护与更新中至关重要。乡村民居建筑是历史城区不可或缺的一部分，包括历史文物建筑和周边普通建筑，以及所处的城区环境。虽然单个普通建筑的保护价值可能不高，但与重要历史建筑结合成历史片区，可以提升其自身价值，使历史城区成为城市的独特地标。

对历史城区内的建筑使用群体进行保护与更新是适当的，这也符合《威尼斯宪章》早已提出的整体保护概念，即保护文物建筑意味着要适当保护其周围环境。对于群体历史城区而言，人们通常会将其视为一个整体环境和完整形象，因此在其保护与更新过程中，除了关注重要建筑物本身外，还应加强对其相关空间形态、建筑风格和历史文化等方面的保护。

因此，整体保护模式的实施需要综合考虑历史城区内各种建筑的保护需求，并将其融入整体的城市规划和发展策略中。这包括加强对重要建筑物的保护、恢复和更新，并注重其与周围环境的协调；同时，也要重视对一般性建筑和城区环境的保护，以保持历史城区的整体特色和完整形象。

（四）活态保护更新

"活态保护"是一种城市历史城区保护与更新的理念和方法，其核心概念源自 Eco-museum 理论，强调城市的动态活力以及活态文化的重要性。此方法的关键在于以当地原住人群为更新保护的主体，整体城区作为出发点，结合现代城市发展和保护进行更新。Eco-museum 概念最早源自 1970 年的法国，被国际博物馆协会定义为管理、研究和开发社区所有遗产的机构，是公众参与社区规划和发展的工具。雨果·戴瓦兰作为这个理论的创始人之一，曾指出它的作用是保护、传承和持久地丰富遗产地的独特性和创造性的文化遗产，其中的无形遗产包括技术、绝招、工艺、传统材料和艺术形式。[1]

---

[1] 汪芳，刘迪，韩光辉. 城市历史地段保护更新的"活态博物馆"理念探讨——以山东临清中洲运河古城区为例 [J]. 华中建筑，2010，28（5）：159-162.

活态保护的本质在于不断更新变化中的城市社区，强调空间元素、集体记忆和社区居民三个要素。这一方法的特色在于其以整体城区为出发点，注重社区内各个元素的协调和互动，从而实现城市历史城区的保护和更新。通过强调原住人群的参与和集体记忆的传承，活态保护不仅实现了城市历史文化的传承，也促进了社区的发展和活力。

1. 本质是社区更新

在历史城区更新保护中，完全置换或大规模拆除重建不适合。相反，活态保护是一种新的保护模式，强调逐步功能更新。该模式以原住民为主要保护对象，旨在改善其生活条件和居住环境。在完善城市功能的同时，逐步更新城区内部地段的基础设施、居民观念和生活水平，使其逐渐适应现代社会和城市要求。这种渐进式的更新方法有助于保护历史遗产，同时促进城市的可持续发展。

2. 古今并重

在建筑活态保护中，集体记忆扮演着关键角色。风俗民俗、传统文化、节日仪式和老字号等元素代表了城市的历史和文化，应该得到保护。城市是一个持续发展的体系，吸纳着外来文化的影响。过度强调某一历史阶段会导致其他阶段的断裂。与此同时，现代生活方式的改变对传统文化产生了巨大影响。因此，活态保护需要平衡"古今并重"，在保留传统文化的同时适应现代城市的发展。这意味着不仅要保护历史建筑和文化景观，还要在城市规划和发展中融入传统元素，以确保城市文化的传承和发展。

3. 原居民为主

历史城区因其独特的传统文化吸引了大量游客，带来了显著的经济效益。然而，这种旅游业的蓬勃发展也对传统文化的传承提出了挑战，可能导致人口置换问题。活态保护的理念强调以当地人为主，赋予他们高度的自主权，让他们按照自己的习惯生活。活态保护遵循"主人为主"的理念[1]，旨在平衡旅游业的发展和文化传承的保护，以确保历史城区的独特魅力能够持续吸引游客，同时保护当地居民的生活方式和社区凝聚力。活态保护的实施有助于创造更加可持续与和谐的旅游环境，使历史城区在经济和文化上都能获得长远的发展。

（五）置换功能更新模式

功能置换方式是一种以开发商的再次开发为基础的方法，通过将历史城区中的居民和原始单位向外拆迁，进行功能置换。对比其他历史城区的保护更新方法，置换模式更加市场化，这样一来会在较短时间内使该历史城区内的人口规模与周边环境产生较大改变，在原住居民的拆迁过程中，势必会使该历史城区内人们的传统生活习惯受到破坏，从而导致城区的历史风貌、传统文化、人文习俗和社会联系产生改变。[2]政府在此扮演关键角色，应代表人民的利益，制定相应规定，切实保障原住人们的根本利益，确保开发商的再开发符合政策规定。针对不同情况，政府和开发商应采取针对性的措施，使既有建筑焕发新生，并获取经济收益。虽然功能置换可以带来经济效益，促进历史城区保护，但也存在不少弊病，如社会稳定性受到影响、原住民生活受损等。

在进行建筑功能置换之前，必须准确分析建筑单体或群体的空间特色。乡村民居通常根据建筑面积划分为小型、中型和大型三类。

小型民居通常占地较小，其布局多样，常由城市的贫民、小商贩和手工业者居住。虽然其保护价值相对较低，但可以通过改造成小型店铺、

---

①吴琳.城市中心历史街区"活化"保护规划研究——以湖州市小西街为例 [J].现代城市研究，2012，27（4）：30-36+81.

②鲍晶晶.城市历史街区的保护与更新研究 [D].苏州大学，2017.

酒吧或工作室等方式，发挥其经济潜力。改造时可以根据现有特点进行调整，如增加梯段或夹层，以提升利用率。

中型民居则常建于较宽敞的地块上，其布局为多进式，包括门厅、轿厅、大厅、楼厅等。其层次一般为前低后高，有利于通风和采光。

而大型民居历史上常为朝廷重臣或达官显贵的住所。通常坐北朝南，沿纵轴线布置门厅、轿厅、大厅、楼厅、闺楼等。其规模较大，占地面积广阔，常采用多进式布局，如五六进、八九进甚至十一进。这类建筑的布局严谨，功能区划明确，是当时社会地位和财富的象征。

在进行建筑功能置换时，需要充分考虑建筑的历史文化价值和空间特点，结合现实需求和社会发展趋势，合理调整和利用建筑的功能，以实现对乡村民居建筑的有效保护和可持续利用。

（六）"休克"式更新模式

历史城区经历时间侵蚀，多多少少都受到了破坏，导致现存城区大多不完整，部分传统建筑年久失修，存在安全隐患。在我国特定的经济境况下，效仿西方国家对每栋旧建筑进行修复并不现实。因此，全面保护方法在我国历史城区中只适用于部分建筑，而不是所有。相比之下，在西方国家，历史街区作为不动产，修建必定能带来回报，在市场经济条件下，人们无法拒绝这个法则。然而，在城市发展的背景下，全面保护模式并不完全合适。建筑更新应使其满足现代生活要求，提升人们生活水平，同时传承城区的传统文化。因此，对历史城区的保护和修复需要在经济、文化、和社会因素的综合考量下进行，以确保城市的可持续发展和文化传承的双赢。

1980年，美国经济学家萨克斯将"休克疗法"一词引入经济领域，用以描述在短时间内进行大规模的经济改革或调整。同样地，将"休克疗法"概念引入历史城区的建筑保护更新领域，可理解为在较短时间内展开大规模的建筑保护更新项目，这一过程可能会给整个城区带来巨大的冲击，甚至使其陷入"休克状态"。

根据更新主体的不同，可将"休克疗法"在历史城区建筑保护更新中分为两种形式。

首先是以开发商为主要推动力量的更新模式，将开发商视为建筑更新的主体，以其为核心实施大规模的历史城区保护更新计划。这种方式能够在较短时间内完成大规模的更新，但也可能因为过度开发而对历史城区造成一定程度的冲击。

其次是以当地居民为主体的更新模式，政府牵头组织居民集资，推动统一的建筑保护更新计划。

综上所述，"休克疗法"在历史城区的建筑保护更新中，既可由开发商主导推动，也可由当地居民积极参与，其目的是在较短时间内实现大规模的保护更新，但需谨慎平衡更新速度与历史文化遗产的保护，以确保城区的可持续发展。

（七）"微循环"更新模式

"微循环"更新模式源自生物学与物理学的概念，是一种微小而隐匿的事物运动方式，其运动轨迹呈现出隐蔽的螺旋上升形态，循环周而复始。这种模式下，物质以一种隐匿而持续的方式进行转化与更新，运动结果可能是微小却又具有重大影响的，而这种运动过程往往呈现出持续性的特征。将"微循环"概念引入历史城区的建筑保护更新领域，表现为一种有机的保护与更新形式：保护与更新相互作用，既相辅相成又对立统一。在此模式下，建筑保护与更新的成功与否直接影响着建筑物的未来命运，同时也塑造着城市历史文化的传承。

"微循环"更新模式的主体是历史城区内的居民，而非政府或开发商。相对于传统模式的大规模更新，此模式更注重小规模自我更新，因此更适用于乡村民居建筑。传统模式可能导致巨额金钱浪费，并可能破坏历史城区的非物质文化遗产，而"微循环"更新模式通过社区居民、政府部门和社会组织的合作进行改造，政府起到引导作用，设计工作者提供技术支持，社会居民自我协调。此模式能够提高居民参与度，调动其积极性，并在更新完成后提高居民的生活质量，保持原有的生活方式。

该更新模式更适用于历史城区中的居住建筑，这类建筑虽不直接影响城市的景观和整体形象，它们承载着街区的社会网络关系，居民的点滴生活常通过传统方式得以传承。然而，这种传承是一个漫长的过程。在这种情况下，"微循环"更新方式应运而生，它与传统方式的演变过程契合。这种更新方式通过小规模、分阶段的改善，恰到好处地顺应了这种传统方式的特性，为历史城区带来了新的生机。

二、乡村内单体建筑的更新措施和方法

建筑更新在乡村内单体建筑中具有重要意义，它不仅可以延续历史文化，保护传统建筑风貌，还能为当代社会提供功能性的利用价值。根据《历史文化名城保护规划规范》和费奇等人的建议，建筑更新可以分为"修缮、维修、改善、改造与拆除"[①]几种主要方法（图4-26）。

在这些方法中，保护和修复是最为重要的，因为它们直接涉及对历史文化遗产的保护和传承。[②]通过修缮和维修，可以有效地保护传统建筑的原貌和特色，使其得以延续并继续发挥作用。[③]改善和改造则是为了适应当代社会的需求和提升建筑的功能性和舒适性，但在进行这些操

---

① 中华人民共和国建设部历史文化名城保护规划规范 [EB/OL]. 北京：中国建筑工业出版社.

② 史蒂文·蒂耶斯德尔，蒂姆·希思，塔内尔·厄奇. 城市历史街区的复兴 [M]. 张玫英，董卫译. 北京：中国建筑工业出版社，2006.

③ 方可. 当代北京旧城更新调查·研究·探索 [M]. 北京：中国建筑工业出版社，2000.

作时需要保持对历史文化的尊重和保护。

在乡村内单体建筑的更新中，还可以结合当地文化和环境特点，采用更具创意性和个性化的更新方法。例如，可以利用当地的材料和工艺，注重与周围环境的融合，以及保留建筑原有的特色和历史感。同时，需要充分考虑当地居民的意见和需求，保持与社区的密切联系，实现更新过程中的参与和共享。

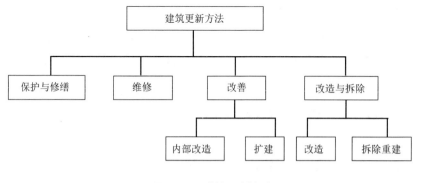

图 4-26　建筑更新方式

（一）保护和修复

在乡村民居建筑的更新与保护中，保护和修复是至关重要的步骤。乡村民居作为历史文化的重要载体，承载着丰富的历史遗产和文化记忆，其保护与修复不仅关乎建筑本身的保存，更涉及对当地传统文化的传承和发展。

首先，保护乡村民居建筑意味着对其进行科学研究和全面调查，了解其历史、结构、文化价值以及周边环境等因素。这包括对建筑材料、结构、风格等方面的分析，以及对建筑历史、使用情况和周边社区的调查研究。通过科学研究，可以全面了解乡村民居建筑的特点和价值，为后续的保护和修复工作提供科学依据。

其次，修复乡村民居建筑是保护的重要手段之一。修复包括平时的维护保养、保护加固、建筑修缮以及重点修整等措施。在修复过程中，需要尊重建筑原貌和历史风貌，力求使建筑的外表保持原样，体现出古建筑与现代环境的融合和共生；根据建筑的实际情况进行内部小型调整，以满足现代人们的生活需求。

乡村民居建筑的保护和修复不仅仅是为了保护一座建筑，更是为了传承和弘扬当地的传统文化和历史记忆。通过保护和修复，可以让乡村民居建筑成为历史的见证者和传统文化的载体，为后人留下宝贵的文化遗产。保护和修复乡村民居建筑也有助于促进当地经济发展和旅游业的兴旺，提升当地居民的生活品质和幸福感，实现乡村振兴的目标。因此，在乡村民居建筑的保护和修复中，需要政府、专家、社区和居民共同参与，形成合力，共同致力于乡村文化的传承和发展。

（二）维修

在乡村民居建筑的更新与保护中，维修是一种常见而重要的手段。通过维修，可以对现存的民居建筑进行加固和保护，使其能够延续历史，为后人所用，并且不改变建筑的外形特点和周边环境。

首先，维修是对现存民居建筑进行加强和保护的重要方式。乡村民居建筑经历了岁月的洗礼，其结构和材料可能会出现老化、破损等情况，需要进行及时的维修和保护。维修可以针对建筑结构的弱点和问题部位进行加固和修复，保证建筑的结构稳固和安全性。对于部分老化严重的建筑部件，如门窗、瓦片、墙体等，也可以进行重新修建和更换，以恢复其原有的功能和美观。

其次，维修可以保持建筑的原貌和历史风貌，不改变建筑的外形特点和周边环境。在进行维修时，需要尊重建筑的历史和文化价值，力求保持建筑原有的外观和风格，使其与周围环境相协调。通过维修，可以延续乡村民居建筑的历史传承，使其成为历史的见证者和文化的载体。

最后，维修也是提高乡村民居建筑使用功能和舒适度的有效方式。通过维修，可以修复建筑内部的设施和装修，提升建筑的舒适度和实用性。例如，对屋顶进行维修加固，修复墙体裂缝，更换老化的门窗等，可以改善居住环境，提高居民的生活品质。

综上所述，维修作为乡村民居建筑保护与更新的重要手段，不仅可以保护建筑的完整性和稳固性，还可以保持其原貌和历史风貌，提升建筑的使用功能和舒适度，为乡村文化的传承和发展作出贡献。在实际操作中，需要政府、专家、社区和居民共同合作，制订科学合理的维修方案，确保维修工作的顺利进行，达到预期的保护与更新效果。

（三）改善

在乡村民居建筑的更新与保护中，改善是一种重要的手段，通过对现有建筑进行外部修建、内部调整和简化建构，实现对乡村建筑的提升和优化，同时保持其与周围环境的和谐融合。

首先，内部改造是改善乡村民居建筑的重要方式之一。通过在保持现存结构和立面的基础上，重新设计建筑内部空间，以满足现代人们的生活需求。内部改造可以采用增加隔墙或阁楼、拆除内墙等方式，调整空间布局，创造出更加符合居民需求的功能空间。例如，在保留原有结构的基础上，通过增设轻质隔墙或夹层，将原有空间划分为更为灵活多样的功能区域，提高了建筑的使用效率和舒适性。

其次，扩建是改善乡村民居建筑的另一种重要方式。通过在现有建筑群附近增加新的建筑或部分新的建构，扩展建筑空间，为居民提供更多的生活和工作场所。扩建可以采用拼贴新体量、增加连接构件、毗邻建造等方式，使新建筑与现有建筑相互融合，形成一个整体，同时考虑建筑的大小、比例、形式和风格，保持了乡村建筑的历史文化传承和环境的和谐统一。

在实际操作中，需要综合考虑现存建筑的状况和周围环境的特点，制订科学合理的改善方案，充分尊重乡村民居建筑的历史和文化价值，同时满足居民的实际需求。通过改善，可以提升乡村民居建筑的功能性、实用性和美观性，为乡村社区的发展和居民的幸福生活做出积极贡献。

（四）改造与拆除

在处理历史城区内与旧建筑风貌迥异的现代建筑时，可以采用三种主要方法。

首先，通过传统建筑手法传承历史，保留空间，这种方法注重对历史建筑特征的传承和保护，以确保建筑风貌的延续性。

其次，可以在现代建筑中抽象运用建筑符号，以一种更抽象的方式体现历史文化的精髓，从而与周围环境相协调。

最后，通过形成新旧建筑的鲜明对比，突出旧建筑的历史地位，这种对比强调了历史建筑的独特性和珍贵性。

综合来看，第一种方法是应用最广泛的，而后两种方法则在少数建筑中有所运用，特别是在新旧片区交界区域更为常见。它们作为对第一种方法的有效扩充，为保护历史城区的建筑遗产提供了更多的可能性。

1. 传统手法，传承历史，保留空间

通过重新建构现代建筑，将传统建筑设计元素巧妙融合。这一创新举措基于深入的历史文化调研，充分利用传统建筑元素如空间肌理和整体风格。新建建筑与周围环境和谐融合，同时保留着历史气息。此举完成了对历史的传承，通过利用传统建筑元素、保留历史风貌、注重周边环境和景观，以及结合现代技术手段，将传统与现代完美融合，展现出独特的文化魅力。

（1）院落空间

在中国的建筑历史里，院落作为传统建筑最为重要的建筑特征之一，对人们的影响深远。在《辞源》里对"院"的解释是"周垣也"，"宫室有墙垣者曰'院'。四周围墙以内的空地可谓'院'"[1]；"围绕一个中心空间（内院）组成建筑也许是一种人类最早就存在的布局方式，中国传统建筑从开始到终结基本上都受这意念所支配"[2]。因此，集中国传统文化和建筑元素于一身的院落完美地体现出我国的居住文化。

拉波特认为可以从两方面说明人与自然的作用：一是人在日常生活中和环境的交往，人改变环境，环境被人的行为影响；二是表现在社会环境里人和人之间的交流，人为环境成为人际交流的主要场所。[3]而传统院落就是为人们提供了一个能够与自然交流，同时方便自由地与人们互相交流、沟通交往的交际场所。

①聚合性。建筑院落不仅仅是物理空间的聚合，更是人际交往、邻里相处、生活方式传承和社会网络完整性的促进者。传统建筑院落的内聚性体现了建筑风水理念中的"聚气""聚财"观念，将人聚集在一起，传递和积聚正能量。传统建筑院落有着"肥水不流外人田"的说法，强调内部资源的保留和利用，彰显了对家庭和社区的责任感和归属感。对建筑院落的传承是对中国传统文化的延续和发展的体现，是对历史与文化的尊重与传承，也是对乡愁与情感的表达。

②开放性。自古以来，中国一直注重天人合一的理念。传统庭院作为这一理念的体现，将天地、自然与人事规律融合于一体，提供了一个可以藏风聚气的场所。开阔的院落不仅为居民带来了阳光、空气、雨水等自然气息，使生活更加清新自然，同时也使建筑与自然融为一体，促

---

① 欧雷. 浅析传统院落空间 [J]. 四川建筑科学研究，2005（5）：127-130.

② 李允鉌. 华夏意匠 [M]. 香港：广角镜出版社，1984.

③ 李其荣. 城市规划与历史文化保护 [M]. 南京：东南大学出版社，2003.

进了人与自然的亲密接触。院落的设计实现了环境与建筑的自然结合，创造了舒适的小环境。院落的开放性设计使得视线通过门窗廊等构件进入院落空间，使人们可以在其中观赏并使用。在建筑更新中，相互连接的院落与空间的渗透不仅吸引了游客，也满足了旅游需求，同时传承了传统建筑与开放空间的艺术形式。

③对比性。在《道德经》中，老子曾说过："涎直以为器，为其无，有器之用。凿户牖以为室，当其无，有室之用。故有之以为利，无之以为用。"①在历史城区的设计中，庭院空间和建筑物相辅相成，形成了"无"和"有"的对比，体现了阴阳互补的原则。由于大多数建筑高度低于周围建筑，第五立面设计显得尤为重要。巧妙处理庭院空间与建筑物的关系对设计的整体品质和环境影响至关重要。合理安排庭院与建筑之间的比例和位置关系，能够为城市增添层次感与活力，提升空间的舒适度和美感。因此，在城市规划和建筑设计中，需要充分考虑庭院空间与建筑物之间的协调关系，以确保设计不仅符合功能需求，更具有美学价值和人文关怀。

（2）屋顶

中国建筑以其独特的大屋顶设计而闻名，这被认为是一种屋顶设计的艺术。自古以来，屋盖在中国建筑中一直占据着重要地位，甚至有时被视为整个建筑物的代表。屋盖不仅仅是建筑的一部分，更展现了建筑院落的布局形态。屋顶上的装饰构件，如惹草、正吻、悬鱼、博风、套兽等，具有不同的象征寓意。有些象征着安全，有些则意味着富贵。这些装饰不仅丰富了大屋顶的轮廓，也赋予了建筑更深层的文化内涵。

（3）墙

传统建筑中的马头墙是为了防止火情蔓延而在建筑物两侧山墙顶部

---

① 彭一刚.建筑空间组合论：第2版 [M].北京：中国建筑工业出版社，1998.

设置的一道比屋顶高的墙体，也被称为封火墙。其建构与两侧屋面坡度渐降相呼应，对称于建筑中心线，功能上既分割相邻建筑，又起到防火作用。通常，马头墙的墙顶呈挑檐形式，不仅具有实用功能，还具备装饰效果。根据叠加层数的不同，马头墙可分为三叠式、五叠式、七叠式等多种形式，其立面呈现逐层抬高的阶梯形，整体高度错落有致。其中，五叠式马头墙形似五座山峰，被戏称为五岳朝天。在传统建筑中，马头墙被广泛应用，为中国传统建筑增添了独特的风景线，体现了中国古代建筑的精妙设计和审美理念。

（4）门窗

中国传统建筑的特点主要体现在材质和构造方式。传统建筑通常采用木构架体系，这种结构使得墙面不需要承担重量，从而可以随意开窗开门，促进了室内外环境的交流。门窗作为传统建筑的重要组成部分，常以格扇为基本单位。这种设计不仅具有丰富的功能，既可以用作门窗，又可以作为隔墙，既维护了空间的完整性，又划分了空间的功能。临街店铺在传统建筑中常采用轻巧的隔扇门窗，这种设计可以完全打开，与外部街道实现无障碍的连通。传统门窗常常雕刻着花鸟虫鱼、人物故事等装饰，同时还悬挂着牌匾、题匾等，这不仅增加了建筑的观赏性，也传达了传统文化的思想，形成了一种共识和态度。这些特点使得中国传统建筑在材质和构造方式上独具特色，展现出丰富的文化内涵和独特的审美价值。

2. 抽象符号

建筑符号是一种在历史城区内建筑更新中常用的设计手法。通过抽象、变形或拆解传统建筑构件，设计师使其成为能够被人们一眼识别的代表符号，并赋予特殊意义。这种符号不仅是历史的延续，也是城市文化的表达。其运用包括相互组合或创新，使新建筑散发出传统建筑的气息。而抽象简约是通过对传统建筑的整体或部分进行抽象并简化，目的是使现代建筑简约而不简单。[①]

符号拼贴和抽象简约是建筑创新的方式之一。它们共同的特点是通过抽象传统建筑元素，合理地应用于现代建筑设计中，以更容易被现代人接受。这种创新不仅是对传统的致敬，也是对当代审美的追求。

3. 新旧对比，突显地位

利用地下空间进行现代建筑设计具有多重好处。首先，它能够有效削弱新建建筑与传统建筑之间的视觉矛盾，有助于保持城区的历史特色。通过将一部分建筑置于地下，可以减少城市天际线上的现代建筑数量，从而与周围的传统建筑形成更和谐的视觉对比。其次，地下空间的利用能够极大提升土地利用率，满足了开发商的利益需求。这不仅节约了宝贵的地面空间，也为城市的可持续发展提供了更多空间资源。最后，地下空间还可以被设计为生活广场等公共设施，为居民提供便利的休闲娱乐场所，增强了城市的宜居性和人文氛围。

对于地上部分的设计，现代建筑通常会采用玻璃、钢等现代材料，与传统建筑形成鲜明对比。设计师也会运用周围的水景等自然元素和传统建筑相呼应，形成一种自然过渡，突出传统建筑的特色，使新建筑与周围环境和谐共生。在重建的形式上，有复原、迁移和新建三种主要方式。复原是基于调查研究，仿照原建筑进行重新建造，以尽可能保留原建筑的历史和文化价值。迁移则是将建筑整体移至新地块，保留其原有风貌，同时实现城市规划的需要。而新建则是建造与历史建筑不同但与之相协调的新建筑，通过现代建筑形态传达传统建筑文化，完整体现历史发展，融合不同历史特色，使城市发展更加多元而丰富。

[①] 曾坚，等. 传统观念和文化趋同的对策——中国现代建筑家研究之二 [J]. 建筑师，83.

第五章　乡村景观资源的利用与开发设计

第一节　乡村景观资源的利用

一、利用各种资源促进农村景观建设

（一）人力资源的利用

人力资源的利用在乡村发展中具有重要意义。这里的人力资源并非仅指劳动力，更涵盖了具备文化、智慧和实干精神的人才。然而，目前中国农村的本土人才匮乏，大多数乡村缺乏有远大理想、愿意投身乡村发展的人才。这主要是因为农村长期以来的落后和贫困造成了农民对乡村发展的信心不足，以及对子女未来发展的担忧。然而，缺乏有志愿的年轻人的投入将使乡村的发展面临困境。

乡村的规划、改造、建设以及农业生产的发展等都需要一定数量和质量的文化技能人才，他们能够快速接受新事物，推动农村的经济发展。过去，中国大多数农村的贫困根源于文化知识水平的偏低，因此提高农村居民的文化水平尤为重要。

在改造乡村的过程中，有文化、有智慧、有远见的人才是至关重要的。

他们应该是勤劳、勇敢、不计个人得失、能够带领团队奋斗的人，扮演着地区村庄的领导角色。因此，组建一个有文化、团结一心的领导核心是改造旧农村的第一步。要实现乡村的翻身，首先需要普及教育，提高农民的文化水平和素质，激发他们的创业激情，依靠法制、集体和文化的力量，实现白主发展。

当前的政策环境宽松，人才流动也自由。因此，应鼓励大学毕业生或具有丰富经验和文化素养的本土人才回乡担任领导职务，引入有志于改造农村的人才资源。利用现代科技和信息交流的便利条件，以文化和科技为支撑改造农村，促进农村经济的发展。要想让农民富裕起来，农村经济发展必须有质的飞跃，而这需要集体的智慧和力量，以及团结一致的拼搏精神。

此外，人力资源的利用还包括名人效应。利用当地名人的美誉作为景观资源，可以吸引游客，推动乡村旅游业的发展。例如，毛泽东的故居湖南韶山、周恩来的家乡江苏淮安等，都成为了知名的旅游胜地。因此，利用名人效应，可以进一步推动乡村的经济发展和旅游业的繁荣。

（二）生产资源的利用

农村的生产资源主要集中在农田和农业生产上。保护农田面积、提高农业生产效率是利用农村生产资源的基本原则。粮食是维持人类生存的基础，因此保持较高的粮食自给率对国家安全至关重要。农村生产资源还包括了农作物种植业、果林业、畜牧业、渔业等，通过科学的生产管理和合理的资源配置，可以实现多种农产品的生产，从而提高农村经济效益。

在农业生产中，农民可以采用多种经营方式，如农作物的轮作、间作，果林与农作物的间种，以及种植鱼塘等。这些经营方式不仅可以提高土地的利用效率，还能保护生态环境，促进农村经济的可持续发展。例如，在珠江三角洲和江南地区，农民通过在农田中种植水稻的同时养鱼，实现了农业与养殖的结合，提高了土地的利用率和经济效益。

除了种植业外，农民还可以利用边角地种植果林、竹林等，从而丰富农村的景观资源。果林不仅具有经济价值，还具有观赏价值，可以吸引游客参观和体验农村劳动的乐趣。而种植竹林、麻类作物等，可以为农民提供原材料，从事手工艺品加工，增加了农村的经济来源。

综上所述，农村生产资源的利用涵盖了多种经营方式和产业类型，通过科学的管理和合理的配置，可以实现农村经济的持续发展和提升。因此，农民应积极探索和挖掘农村生产资源的潜力，实现农业的多元化发展，促进农村经济的繁荣。

（三）技术资源的利用

充分利用技术资源是实现农业现代化和推动新农村建设的关键。技术资源包括各种科技创新成果和技术应用，涵盖了农业生产、农村发展、农产品质量安全、信息化、新能源开发利用等方面。

浙江省致力于建设特色新型农业科技创新体系。为此，整合了包括涉农高校和科研院所在内的各种资源，以建立国际先进水平的农业科技源头创新基地和区域性农业科研中心。通过建设农业科技服务平台和农业企业研发中心，推动科技创新成果向生产力的转化，从而促进农业产业的发展。为确保新技术的推广，浙江省建立了多元化的农业技术推广体系，确保农业科技成果广泛应用于生产实践。这一系列举措不仅提升了农业的综合生产能力，还显著提高了农产品的质量，推动了整个农业产业的现代化和可持续发展。

农村技术资源的充分利用不仅可以提高农业生产效率和质量，还可以改善农村环境，促进农民就业创业，提升农民生活水平。例如，采用先进的农业技术可以提高农产品产量和品质，增加农民收入；应用信息技术可以提高农村管理效率，促进农村电商发展，拓展农产品销售渠道；

开发利用新能源可以解决农村能源短缺问题，推动农村清洁能源发展。

健康问题日益受到人们关注，科技资源的充分利用也可以推动健康食品的开发和生产，满足人们对健康生活的需求。通过科学技术手段，开发出更安全、更营养、更健康的农产品，可以提高人们的生活质量，促进健康生活方式的普及。

综上所述，充分利用技术资源是推动农业现代化和新农村建设的关键举措。通过科技创新和技术应用，可以提高农业生产效率、提高农产品质量、推动农村经济发展，实现农民富裕、农村繁荣的目标。

（四）再生资源的利用

再生资源的充分利用对于农村可持续发展和环境保护至关重要。过去，农村普遍采用沤制有机肥的传统方式，利用杂草、秸秆、生活垃圾等进行发酵，既生态环保又有利于改良土壤质量。然而，随着经济的发展和现代生产观念的冲击，人们逐渐忽视了再生资源的利用，而更倾向于购买化肥。这种观念的转变导致了农村环境的恶化，如河流污染和庄稼秸秆乱扔乱堆等现象。

农村环境污染的问题对人类的健康和生存都构成了直接威胁，因此再生资源的有效利用显得尤为重要。通过推广沼气技术，利用农村丰富的再生资源可以产生清洁能源，既方便又环保。资源再利用的方式还有很多，如利用修剪的树枝制作纪念品，将庄稼秸秆加工为家具或纸张，利用稻草编织小商品等。

农产品的深加工和物品的充分利用也是再生资源利用的重要方面。例如，除了将橘子供应市场销售外，还可以利用橘子制作果汁并回收橘子皮作为中药材。发展与农业相结合的企业可以带动农村经济的发展，解决农民的就业问题，同时也要注重生态环境的保护，确保农业与环境的良性循环。

综上所述，再生资源的充分利用对于农村的可持续发展和环境保护至关重要。通过科学合理地利用再生资源，不仅可以提高农村环境质量，还可以为农民提供更多的经济收入，推动农村经济的健康发展。因此，应该积极倡导和推广再生资源利用的理念，促进农村经济社会的可持续发展。

（五）名人效应的利用

名人效应在地方旅游的发展中可以发挥重要作用。通过名人的影响力和知名度，可以提升地方旅游的知名度和吸引力。名人效应可以通过多种方式进行利用，包括展示名人在家乡的成长史、宣传名人的喜好和使用过的东西等。这些都可以成为旅游项目的一部分，如制作名人纪念品等。

在利用名人效应时，可以根据名人的身份和特点进行具体的开发和利用。例如，对于知名演员、歌唱家、画家和艺术家等，可以在艺术作品上做文章，展示他们的作品和生平经历。以邓丽君为例，可以推出一系列与她生前喜爱的生活用品、小吃、唱片以及介绍其生平的图书等相关的旅游纪念品，吸引广大游客。

除了名人效应，一些著名事件也可以有效地提升地方旅游的知名度。例如，一些电影或电视剧的拍摄地随着作品的上映而变得家喻户晓，成为旅游热点景区。例如，湖南永顺的《芙蓉镇》、湖南邵阳市绥宁县关峡苗族乡大园古苗寨《那山 那人 那狗》、云南的《千里走单骑》以及山西的《乔家大院》等，都因电影或电视剧的热播而迅速成为旅游景点。

综上所述，利用名人效应和著名事件可以有效地提升地方旅游的知名度和吸引力，为地方经济发展和旅游业增添新的动力。因此，地方政府和旅游机构可以积极开发和利用名人效应和著名事件，推动地方旅游业的发展。

二、发挥各种力量建设农村新景观

（一）政策的力量

政策对农村经济发展的影响是巨大而深远的。自中华人民共和国成立以来，政策的变化和调整一直在推动着农村经济的发展和变革。政策不仅影响着农村的生产方式和土地所有制，也直接影响到农民的生产生活和精神面貌。各种政治运动和政策调整都带来了不同程度的变化，对农村产业结构、生产方式和农民生活水平产生了深远的影响。

近年来，中国政府对农村经济的扶持和政策倾斜极大地改变了农村的生产面貌和经济状况。在党中央政策的推动下，各地政府积极关注并支持农村建设，全社会对农村、农业和农民形成了广泛的关注。这些政策不仅激励了农民投入更多的热情和精力，还推动了农村经济的快速发展。然而，农村的发展不仅依赖于政策支持，还需要农村自身的努力来促进资源整合。

当前，国家"以工补农"的战略为农村的公共服务提供了有效的保障，不仅注入了财政资金，还加强了农科教一体化的推广，为农业发展提供了强大的科技支撑。这种政策助力下的农村发展，使农业产业不断转型升级，农民的生活水平和生产能力也在不断提升。

因此，政策的力量是推动农村经济发展的主要动力之一。在政策的引导下，农村将更加积极地探索发展新路径，促进农业现代化，实现农村经济的可持续发展。

（二）文化的力量

文化的力量在农村发展中具有重要作用。农村的落后和贫困往往与文化程度低下有着密切的关系。缺乏文化的地区通常交通不便，信息闭塞，这是导致贫困的根源。

贫困不仅是一个经济问题，更是一个社会文化现象。科学文化素质、价值观、生活方式和社会文明程度深刻影响着贫困的命运。因此，解决贫困问题需要全面改造贫困文化。这种改造应涵盖知识、信息、观念和社会心理等多个方面，从而有效促进社会整体的进步和文明水平的提高。

文化扶贫理论提出了在农村建设中优先考虑文化因素的观点。通过智力开发、信息输送等方式，加大对农村地区的文化投入，取得了显著成效。农村脱贫致富需要人的智慧和文化的力量，人的素质是农村发展的基础。文化的普及教育是提高农民素质的关键，有良好素质的农民团队是建设新农村的中坚力量。

近年来，越来越多的大学生志愿者回到农村，将所学知识应用于农村建设和发展中。他们带动了当地的经济发展，推动了农村的变革与进步。在文化力量的推动下，农村发生了翻天覆地的变化，展现出了巨大的发展潜力。

（三）科技的力量

科技在农村发展中扮演着至关重要的角色。高科技含量的商品价值更高，农民逐渐认识到科技的威力，主动引入杂交品种和先进种植技术，从而取得显著的经济效益。然而，科技的有效发挥离不开整体文化水平的提升。尽管国家加大了对农村教育的投入，农村仍面临文化和技术力量不足的问题。为此，知识青年应回归农村，贡献智慧和力量，促进科技的普及和应用。

科技应用在农村具体表现出多方面的益处。首先，它能够降低劳动强度，减少劳动力需求，同时开发新品种，利用最低成本获得更高利润。其次，通过科学利用土地生态环境，种植绿色农产品，农民能够实现更高的产出和收益。例如，湖北枣阳市的立体套种法便是利用现代化科技实现高产高收的典型案例。

随着科技的普及，农民对新技术的接受度显著提高，这源于科技应用带来的实际好处。通过自动化技术、物理与工程技术、生物工程技术等，现代农业示范区不仅提高了产量和品质，还创造了巨大的经济和社会效益。科技的进步使得农产品不断创新，这不仅激发了农民的生产积极性，也推动了农村经济的发展。因此，科技作为推动农村发展的基本动力，在促进农村经济发展中发挥着不可替代的重要作用。

（四）信息的力量

信息的力量在现代社会发挥着越来越重要的作用，尤其在农村发展中更是至关重要。信息不仅是商品，还能为人们带来经济利益。现代信息社会的发展深刻影响了全球范围内的生产、生活方式、思想、观念、文化和经济格局。信息技术的进步不仅加速了信息传播和知识获取的速度，还极大地促进了全球化进程，使得信息不再受地域限制，加快了城乡之间信息的对等流动，从而在一定程度上缩小了城乡差距。

利用信息的力量可以发挥地方优势，推动当地经济的发展。例如，一些农村地区通过新闻媒体、网络等宣传当地的旅游特色，吸引了大量游客，促进了当地旅游经济的繁荣。信息的传播也为解决农村经济发展中的问题提供了有效手段。无论是农业技术、生产方向还是产品开发以及乡村建设等，都可以通过信息交流得到帮助。信息化还给乡村旅游业的发展带来了新的机遇，技术的进步成为保证乡村旅游可持续发展的重要支撑力。

总之，信息的力量在农村发展中具有重要作用。通过充分利用各种信息渠道，推动农村经济的发展，将是解决农村问题和实现农村可持续发展的重要途径之一。

（五）合作的力量

合作的力量在农村发展中具有不可低估的作用。农村地区普遍存在小农经济意识导致的集体观念和凝聚力不足的问题。要改变农村的落后状态，就必须发挥集体智慧和力量，促进农民的团结合作，共同应对经济发展中的各种挑战。只有通过团结一致，农村经济才能实现质的飞跃，迈向更加繁荣和可持续的未来。

依靠集体组织的力量，农民可以实现"自己动手，丰衣足食"的目标。虽然改革开放以来农村经济取得了一些发展，但由于惯性的影响，农户之间的个人主义倾向较重，导致农民像一盘散沙，凝聚力下降，阻碍了集体致富的步伐。过度追求个人利益不仅不利于农村社会的和谐发展，还会使整个社会变得冷酷无情，人际关系发生恶变，从而阻碍了农村的发展。

因此，农村发展需要更多的合作和团结精神。只有农民能够放下个人私利，积极参与合作组织，共同制定发展规划，共享资源和机会，才能实现农村经济的全面发展。在合作的基础上，农民可以互相帮助，共同应对各种挑战，共同实现自身和家庭的发展目标。

（六）关爱的力量

关爱家乡作为一种精神动力，能够深深激发农民及有识之士的参与热情，推动他们投身农村发展，从而创造令人瞩目的变革。中国人根深蒂固的乡土观念也是关爱的重要表现，尽管许多人外出追求事业，但对家乡的热爱常常促使他们选择回归或者投资兴建，这无疑促进了故乡的持续发展。爱家乡的行为源于中华民族的传统美德，这种土生土长的纯朴情感不仅是文化传承的一部分，更是推动家乡发展的动力源泉。除了农民自身的关爱，城市居民和有识之士也通过多种方式支持农村发展，如提供技术、资金或者人力资源，这种社会支持有助于促进经济扶持和城乡社会的和谐发展。

国家为鼓励大学生回乡服务而制定的优惠政策，进一步扩展了关爱家乡的影响力。农村创业的广阔前景吸引了许多有志于农村建设的年轻人，他们的回归不仅为农村注入新鲜活力，也推动了农村社区的繁荣和进步。

（七）企业的力量

企业作为从事生产、流通、贸易、服务等经济活动的组织，在农村发展中具有重要作用。企业通过与农村的互动，可以推动农业产品市场化，激发农业生产活力。

首先，企业是连接农业生产与商品市场的纽带，可以促进农产品的市场化。一些以农产品为原料的无污染企业在农村发展，能够充分利用当地资源，推动农村产业发展，提高农产品的市场竞争力。

其次，企业的发展也会带动农业科技化的进步，推动农业生产方式的更新。一些企业在农村建设生产基地，引进先进技术和管理经验，提高农业生产效率，促进农业科技的创新。

再次，企业可以解决农村剩余劳动力的就业问题，带动农村二、三产业的发展。农民可以就地就业，不必远赴城市，同时还能学习到技能和管理知识，提高自身素质，促进农民的转型发展。

最后，实现农业企业化对解决我国三农问题具有积极意义，是缩小城乡差距的必然途径。农村的现代化发展需要企业的支持和参与，通过企业的力量，可以实现现代化新农村的目标。

综上所述，企业的力量在农村发展中是不可或缺的。通过与农村的互动，企业可以促进农业生产的市场化、科技化，带动农村经济的发展，为农村的现代化建设作出重要贡献。

（八）美化的力量

首先，农村景观设计应追求自然美，通过将自然与人工巧妙结合，体现生产景观的自然特色和人文价值。农村环境的美化需要考虑生态、人文、经济等多方面因素，从而打造出具有真善美审美哲学的景观。

其次，农村的环境卫生和整洁是美化农村的基础。清洁有序的村庄环境为美化提供了基础条件，植物绿化则可以进一步增加环境的美感和舒适度。

再次，农村可以借鉴日本等国家的经验，利用自然材料和废旧农具进行装饰，营造简朴、自然、经济又美观的环境。通过对农村自然材料的利用和废物的再利用，不仅可以节约成本，还可以展示农村的历史文化和智慧。

最后，农村景观设计应以自然、纯朴、美观、大方为审美基准，充分发挥本土农耕文化的特色，打造出具有吸引力和观赏价值的景观。通过美化农村环境，可以提升农村居民的生活品质，增强他们对家园的归属感和认同感，推动农村的可持续发展。

第二节　乡村景观开发与乡土文化传承

一、乡土文化的概念

乡土文化是中国传统文化的重要组成部分，具有深厚的历史渊源和地域特色。它是在特定地域内形成并长期积淀的，反映了当地居民的精神信仰、交往方式、行为习惯和生活方式。乡土文化的元素包括有形和无形的两种，有形的主要是景观和物品，无形的主要是方言、民俗、手工技艺等。这些元素与当地居民的日常生产生活密切相关，是他们对自然和社会的适应方式，是乡土生活方式在地域上的体现。

乡土文化的价值在于它蕴含的地方精神和草根信仰体系，以及对当地居民生活的影响。它们代表了地方独特的人文风景，是当地居民乡土情感和自豪感的表达，对他们的审美观和价值观产生了影响。乡土文化与大众文化有所不同，更注重本土性、内生性和多元性，对农耕社会有着特殊的意义。

保护和传承乡土文化是保护和传承农村社会的文化基础，也是建设美丽乡村的重要内容。乡土文化体现了农民的精神创造和审美创造，是凝聚当地居民的文化形态。乡土文化也是整个民族的精神寄托和智慧结晶，有利于维护社会稳定和民族团结。

随着社会的进步和科技的发展，乡土文化的内涵也在不断发展和丰富。但其核心的价值观和主要的内涵始终如一，即倡导人与自然之间、人与人之间的和谐共生关系。因此，保护和传承乡土文化有利于建设美丽乡村，促进农村社会的可持续发展。

二、我国乡土文化转型变迁

乡土文化正在经历着前所未有的转型变迁，这一变迁是中国整体社会转型的一个重要组成部分。随着中国社会经济的快速发展和改革开放的深入，乡土文化的本质特征正在逐渐发生改变。这种变迁不仅是社会转型的表现，也是由社会转型所推动的。

首先，乡土文化由封闭同质向开放异质转变。传统乡土文化以其封闭性和同质性为特征，但随着乡村市场经济的发展，人们受到外来文化的影响，乡土文化逐渐具有了开放性和多元化的趋势。这种变化在文化心理上体现得尤为明显，农民对城市生活和现代文明产生了向往，对传统乡土文化产生了一定程度的排斥。

其次，乡土文化从"生存理性"向"经济理性"转变。传统乡土文化下，个体行为主要遵循"生存理性"的原则，但随着市场经济的发展，农民开始追求更多的经济需求，从"生存理性"向"经济理性"转变。这种转变导致了乡土文化中"伦理本位"向"利益本位"的变化，农民的行为动机从道德伦理转向经济因素。

最后，乡土文化的转变，从伦理本位向利益本位的演变，昭示了农民行为动机的深刻变化。传统上，乡村生活以道德伦理为核心，强调血缘关系和人情义理，这种价值观构成了乡土社会交往的基础。然而，随着现代化进程和市场经济的冲击，经济因素逐渐成为主导，取代了传统的伦理观念。农民的行为动机转向了利益追求，交往规则从人情面子和亲情友谊向以经济利益为核心的共识体系转变，乡村生活的伦理色彩逐渐淡化。

在这种转型中，政府和基层文化工作者扮演着关键角色。他们需意识到乡土文化多元化与社会主义核心价值体系的互动关系。社会主义核心价值体系应当成为引领乡土文化转型的主导力量，推动多元文化的融合，增强社区的凝聚力和向心力。政府应当加大对农村和欠发达地区文化建设的投入和支持，积极推动乡土多元文化的健康发展，为新农村建设奠定坚实的文化基础。

三、乡土文化的价值及在乡村景观建设中的作用

（一）乡土文化的价值

乡土文化作为特定地区人们独特的精神创造和审美创造，蕴含着丰富的价值。

1. 凝聚认同价值

乡土文化是一种共同的精神认知，能够促进人们形成对家乡的认同感和归属感，增强他们的荣誉感和自豪感。它有助于社会的和谐与稳定，为社会主义核心价值体系的传播提供了基础。

2. 保持文化多样性、原生态的价值

乡土文化的保护和传承有助于维护文化多样性，防止文化同质化的现象发生。它是文化生态系统的重要组成部分，为社会文明的持续发展提供了内在动力。

3. 文化事业发展的载体、文化产业开发的依托

乡土文化为丰富的文化事业活动和文化产业项目提供了支撑。通过挖掘和开发乡土文化资源，可以打造具有地方特色的文化品牌，促进地方经济的发展。

4. 塑造新农民

乡土文化中蕴含的朴素自然观、审美观以及行为方式对农民的思想和行为产生潜移默化的影响。它有助于培养具有创新精神和审美能力的新农民，推动农村的现代化建设和社会主义新农村建设。

在当前乡村文化面临快速变迁的背景下，保护和传承乡土文化显得尤为重要。只有通过加强乡土文化的保护和传承，才能更好地促进社会的和谐稳定，推动农村经济的发展，提升农民的精神文化生活水平，实现社会主义新农村建设的目标。

（二）乡土文化在乡村景观建设中的作用

1. 凝聚乡民力量，积极参与乡村景观建设

乡土文化是乡民们长期生活实践形成的共同文化认知，具有广泛共

识和深厚基础。在乡村景观建设中，乡土文化成为凝聚乡民力量的精神纽带，促进了乡村居民的积极参与和持续发展。

2. 决定了乡村景观的面貌和特色

乡土文化中蕴含的审美观、生活方式等元素影响着乡村景观的建设风格和布局。尊重乡土文化的地方特色，保留和发展乡村传统建筑风格和生活习俗，是打造具有地域特色的乡村景观的关键。

3. 体现乡村景观建设的文化内涵

乡土文化是乡村景观的内在文化底蕴，体现在景观的建筑风格、布局规划以及生活方式等方面。乡土文化的传承与保护有助于确保乡村景观建设的地域特色和文化传统的延续。

4. 有助于实现乡村景观建设的经济价值和生态价值统一

乡土文化景观的建设不仅可以吸引游客，促进乡村旅游业的发展，还能推动当地特色产业的兴起，提升乡村经济水平。保护乡土文化景观有助于维护当地生态环境，实现生态价值和经济价值的统一。

综上所述，乡土文化在乡村景观建设中发挥着重要作用，不仅能够凝聚乡民力量，塑造乡村特色，还能实现乡村经济和生态的双赢。因此，在乡村景观建设中应当充分尊重和保护乡土文化，使其成为乡村发展的重要支撑和动力源。

三、乡土文化元素在乡村景观建设中的运用

（一）乡土文化元素在乡村景观建设中的运用原则

1. 充分运用乡土文化中的非物质元素

除了物质形态的建筑、景观等，还应重视乡土文化中的非物质元素，

如民风民俗、自然观、审美观等。

2. 立足于乡土特色，体现地域特征

乡村景观应根据当地的自然环境、人文历史和乡土文化特色进行设计和规划，体现地域特色和文化传统，避免盲目模仿他地风格，确保乡村景观建设的地域性和可持续性。

3. 实现文化价值、生态价值和经济价值的统一

在乡村景观建设中，应综合考虑文化、生态和经济价值，通过保护乡土文化、提升生态环境质量和发展乡村旅游产业等途径，实现景观价值的多元统一。

4. 保护与创新并行，体现时代风貌

在保护乡土文化的基础上，还应进行符合现代审美和生活需要的创新与改造，使乡村景观既能传承历史文化，又能体现时代精神和现代生活方式。

综上所述，运用乡土文化元素在乡村景观建设中应注重传承与创新的平衡，体现地域特色和文化传统，实现景观的多元价值统一。

（二）乡土文化元素在生态景观建设中的运用

1. 充分利用乡土元素构建生态景观

乡村的植被、水系、自然保护区等是构成生态景观的重要元素，应在规划设计中充分考虑它们的布局和利用，创造出与乡村生活环境相协调的开放空间。

2. 体现天人合一的自然观

乡土文化中蕴含的尊重自然、与自然和谐相处的理念对生态景观的

建设至关重要。应追求顺应自然、体现纯自然美的乡村景观，体现人与自然的协调共生关系。

3. 运用当地乡土元素，体现特色生态景观

在生态景观建设中，应充分利用当地乡土植物和材料，体现地域特色和文化传统。种植当地乡土植物、使用本土生态材料等措施有助于营造具有乡土特色的生态景观。

4. 处理好保护开发的关系

在生态景观改造中，需要平衡保护与开发的关系。尽可能保护乡村的原始面貌和布局，统一规划设计，合理利用资源，保护生态环境的同时进行合理开发。

通过以上原则，可以实现乡土文化元素与生态景观建设的有机结合，创造出具有地方特色和生态美的乡村景观。

四、乡村景观建设中乡土文化的保护、传承与创新

加强乡土文化保护意识，建立档案和保护机构，推动乡土文化教育，鼓励创新，加强景观规划与设计，综合实施这些措施可有效促进乡土文化传承，保护传统风貌，实现乡村可持续发展。

（一）乡村景观建设中乡土文化的保护途径

当前乡村景观建设中乡土文化保护存在诸多缺失，主要原因包括城镇化背景下价值观念的转变、市场经济条件下的功利心态以及城镇化中的盲目性和急功近利。为解决这些问题，需要采取一系列措施。

首先，要构建长远、科学的乡土文化保护机制，明确保护的重点内容和组织结构，确保各项保护措施有效贯彻。

其次，要加强乡土文化教育。

最后，要强化对乡村景观建设中乡土元素的保护，尊重历史记忆，充分保留有价值的历史遗存，并加强对历史遗存的恢复和再造，赋予其新的内涵。

综上所述，通过建立保护机制、加强教育和强化景观建设中的保护措施，可以有效促进乡土文化的传承和发展，保护乡村的传统风貌和文化景观，实现乡村的可持续发展。

（二）乡村景观建设中乡土文化的传承

在物质层面，乡土文化的选择性传承是必要的。乡土文化是在特定地域内形成并积淀的，其中包含许多传统建筑、器具、工艺品等。对于那些具有地方特色和历史价值的乡土元素，应予以保留和传承；而对于与时代不符、落后的部分则应去除。这样有选择性地传承乡土文化，既可以保留乡村的传统风貌，又能符合现代社会的需求。

在非物质层面，乡土文化的传承包括了丰富的精神内涵。这些内涵涵盖了乡村聚落的布局理念、传统文化信仰、社会组织形式等。在新农村建设中，应当重视这些优秀的非物质文化，如天人合一理念、传统节庆活动等，以此增强乡土文化的传承和发展。

综上所述，乡村景观建设中乡土文化的传承需要在物质层面和非物质层面上同时进行。通过选择性地保留和传承乡土文化的物质和精神内涵，可以使乡村景观既具有传统的特色，又能适应现代社会的发展需要。

（三）乡村景观建设中乡土元素的创新

乡村景观建设中的乡土元素创新是适应时代发展的需要，旨在提升乡土文化的影响力，凸显地方特色，以及满足现代社会生活的需求。随着社会主义新农村建设的推进，对乡土文化的创新已成为乡村发展的重要方向之一。

首先，乡土文化的创新要顺应现代生活方式的变化。例如，在民居建设中，需要考虑现代人的生活需求，如车库、浴室等功能空间的设置，以及电缆、网线、水电暖管网的安装等现代化设施的考虑。室内装修样式风格也应符合现代审美习惯，注重个性化和舒适性。

其次，乡土文化的创新要体现整体性和统一性原则。在规划和设计上，要充分考虑整体居民区的格局，使住宅与社区相统一，形成有机的社区环境。民居建筑的外观和建筑材料也要注重创新，避免单调和千篇一律的感觉，展现出地方特色和个性化。

最后，乡土文化的创新也需要适应现代交通和生活设施的需求。传统的街道和乡间道路已经无法满足今天的交通需要，因此需要对交通道路进行改造和升级，以提升乡村交通的便捷性和安全性。

综上所述，乡土文化的创新是乡村景观建设的重要内容，通过顺应现代生活方式的变化，注重整体性和个性化原则，以及适应现代交通和生活设施的需求，可以有效提升乡土文化的影响力，促进乡村的可持续发展。

第三节　乡村生态景观建设与保护

一、乡村生态景观

乡村生态景观是指城市景观之外的乡村地区所呈现的景观形式，其与城市景观和自然景观有着明显的区别，具有独特的特点和价值。乡村生态景观既受到自然环境的影响，又受到人类经营和生产活动的影响，呈现出丰富多样的景观特征。

第一，乡村生态景观的特点在于农田与居民住宅的混合分布。在乡村地区，农田、果园和居民住宅相互交错、相互融合，形成了独特的景观格局。这种混合分布不仅展现了自然风光的美丽，还展现了乡村的生活气息和人文情怀。

第二，乡村生态景观具有丰富的人文景观。乡村是文化传统和乡土风情的重要承载地，各种民居、庙宇、传统建筑以及乡土文化的遗迹构成了丰富多彩的人文景观。这些景观反映了乡村居民的生活方式、价值观念和文化传统，具有深厚的历史和人文内涵。

第三，乡村生态景观还具有较高的生态价值。乡村地区的自然环境相对较为原始和自然，拥有丰富的生物多样性和生态系统。农田、山川、湖泊等自然景观与野生动植物共生共存，构成了生态平衡，为生态保护和生态旅游提供了良好的条件。

第四，乡村生态景观的发展受到人类活动的影响，需要在保护自然环境的基础上，合理利用资源，实现生态、经济和社会的可持续发展。因此，在乡村生态景观的规划与设计中，需要综合考虑自然环境、人文历史、社会经济等因素，保护生态环境，传承乡土文化，促进乡村振兴。

二、乡村生态景观营造的内涵与意义

乡村生态景观的营造具有深远的内涵和重要的意义，它涉及多个学科领域，旨在实现自然与人类社会的和谐共生，具体体现在以下几个方面。

（一）综合性的学科涵盖

乡村生态景观的规划与设计需要综合考虑地理学、生态学、经济学、建筑学、美学、社会政策法律等多方面的知识。这种综合性的学科涵盖，使得乡村景观规划更具科学性和全面性。

（二）生态价值的彰显

乡村生态景观的规划强调生态系统的保护和优化利用，旨在实现生态环境的良好状态和生物多样性的保护。通过合理的空间布置和土地利用规划，营造出具有生态价值的乡村景观，为人类提供良好的生态环境。

（三）人地和谐的追求

乡村生态景观的规划不仅关注自然环境的保护，更强调人与自然的和谐共生。通过合理的景观设计和空间规划，可以实现人与自然的和谐相处，提高人们的生活质量和环境体验。

（四）可持续发展的倡导

乡村生态景观的规划体现了可持续发展的理念，旨在实现经济、社会和环境的协调发展。通过保护自然资源、提高农村居民生活水平、促进社会进步，可以实现乡村社区的可持续发展。

（五）文化传承与创新

乡村生态景观的规划既注重传承乡土文化，又强调创新发展。在保护传统乡村景观的基础上，通过合理的设计和规划，可以创造出具有时代气息和地方特色的新型乡村景观，丰富乡村文化内涵。

（六）社会稳定与进步的推动

乡村生态景观的规划旨在改善农村居民的生活条件，促进农村经济的发展，提高农民的生产水平和收入水平，从而推动乡村社会的稳定和进步。

综上所述，乡村生态景观的规划与设计是一项涉及多方面的复杂工程，其内涵丰富，意义重大。通过科学规划和精心设计，可以实现乡村生态环境的改善和社会经济的发展，推动乡村社区的可持续发展。

三、乡村生态景观设计遵循的原则

理想的乡村景观是自然与人文相融合的完美典范，它保护生态环境、传承传统文化、营造宜居环境、实践可持续发展，呈现出生机勃勃、和谐共生的美好景象，成为人们心灵的净土和现代城市生活中的一片绿洲。

（一）尊重乡村生活的时代特征

当前，我们对乡村景观的期待更多地体现了一种对历史传承与未来发展的思考。乡村并非被固定在过去的框架中，而是应当适应现代社会的发展需求，以及人们对生活品质和环境保护的不断提升的期待。从历史上看，保护主义者往往强调对过去的保护，但未能充分考虑乡村发展的需求和潜力。然而，现代化的乡村并非是简单复制城市的现代化空间，而应该是在尊重传统、保护生态、满足居民需求的基础上进行合理规划和设计。

英国的乡村景观是现代化乡村的典型代表，它既保留了悠久的历史文化，又融合了现代化的生活方式和设施。这种现代化并不是简单地引入城市化的元素，而是在保留传统韵味的同时，注重提升居民的生活品质和社会服务水平。理想的乡村景观应该是有机的、绿色的、与城市区域相互融合的空间，以满足人们对自然、文化和生活质量的需求。

在乡村景观设计中，我们需要综合考虑历史文化、自然生态和现代化要求，不断更新和调整乡村景观的形态和内容。不能简单地对过去进行模仿和保留，而应该根据时代发展的需要，精心设计和打造适合当下生活的乡村空间。同时，乡村发展也不能一味追求"假古董"式的设计，而应该注重功能性和实用性，保持乡村建筑的原汁原味，为居民提供舒适宜居的生活环境。

因此，理想的乡村景观是一个既承载着历史文化传统，又具有现代化生活设施和服务的空间。它是乡村居民生活的家园，也是游客感受乡土文化和自然风光的胜地。通过科学规划和精心设计，我们可以实现乡村景观的升级和提升，让乡村成为人们向往的理想之地。

（二）尊重和体现地域文化特征

乡村景观的设计应该体现地域文化的特色，尊重并传承当地的历史、生活方式和文化传统。乡村地域文化是几百年来人们生活和劳动的智慧结晶，它反映了当地人民的生产生活方式、语言文化、服饰习俗等方面的差异和特色。因此，在进行乡村景观设计时，必须立足于当地的社会文化背景，充分发扬和展示地域文化的独特魅力。

英国作为乡村景观的典范，其保留着丰富的历史遗产和独特的自然风光。英国乡村景观的建筑风格、村民生活方式以及田园风光都反映了地域文化的独特魅力。在英国，乡村历史建筑得到了严格的保护，而新建建筑也必须符合严格的规定，以保持乡村景观的整体和谐。建筑的高度、屋顶的坡度、外观的颜色等方面都受到了严格的限制和要求，以确保新建筑与传统建筑相协调。

英国很多乡村建筑以木柱、木梁和石板瓦为主要材料，屋顶的坡度较陡，墙面采用红砖石材或涂料等，外立面的颜色以灰、米、棕色基调为主，简约而稳重。茅草屋也是英国乡村景观的一大特色，它们与自然环境完美融合，为乡村增添了独特的韵味和美感。

因此，乡村景观设计应该尊重和体现地域文化特征，保护并发扬当地的历史建筑、传统习俗和民间文化，使乡村成为文化传承和传统魅力的生动载体。通过合理规划和设计，我们可以创造出既具有现代化生活设施，又保留了地域文化特色的理想乡村景观，为人们提供宜居宜游的美好环境。

（三）积极营造乡村社区

积极营造乡村社区是实现乡村振兴的重要路径之一。乡村社区作为社会生活的基本单元，承载着居民共同生活、共同发展的重要功能。在规划和建设乡村社区时，需要注重以下几个方面。

第一，乡村社区规划应以基础设施和公共服务设施建设为重点。这包括学校、医院、图书馆、广场、公园等公共基础服务设施的规划建设，以满足居民的生活和工作需求，提高乡村居民的生活品质和幸福感。

第二，乡村社区建设需要注重功能完善和公共服务的提供。除了基础设施外，交通、通信和能源供给等设施也需要得到充分发展，以提高乡村社区的便利性，使居民能够享受到与城市相媲美的生活便利条件。

第三，乡村社区建设应注重公众参与和民主决策。社区建设是居民共同营造共识的过程，应鼓励公众参与规划和决策，通过座谈会、规划展示论证等方式，听取居民的意见和建议，使规划更符合实际需求，增强居民的参与感和归属感。

第四，乡村社区管理需要建立长效机制，提供优质的服务和解决居民生产生活中的各种问题。发展信息服务平台，推动互动互助，振兴乡村经济，提升居民生活水平和幸福感，实现乡村社区的可持续发展。

综上所述，积极营造乡村社区需要政府、社会各界和居民共同努力，通过规划设计、设施建设、公众参与和长效管理等方式，打造宜居宜业的乡村社区，实现乡村振兴战略目标。

（四）保护自然生态环境

乡村生态环境的保护是全球关注的焦点之一，不仅关乎自然生态系统的健康，更涉及社会经济的可持续发展。蕾切尔·卡逊的《寂静的春天》等作品唤起了人们对环境保护的意识，推动了全球环境保护运动的开展。在乡村可持续发展研究中，通过恢复乡村景观生态，保留乡村多样性，实现生态环境的可持续发展。在乡村自然生态环保方面，需要注重以下几个方面。

第一，乡村自然生态环保需要在基础设施维护、卫生保洁、绿化养护等方面研究长效管理机制，避免引发污染问题，影响生态环境。这包括加强基础设施建设，改善农田排水系统，建设垃圾处理设施等，以保护自然生态系统的稳定。

第二，在乡村景观设计中，应充分利用和整理农田的序列、肌理，优化农田设计，加强环境保护，营造自然生态美。设计师应选择具有地方特征的农作物和其他植物，突出地域乡村景观特色，避免盲目模仿城市景观，导致生态破坏和资源浪费。

第三，乡村农田生态保护需要在农业生产方式上进行调整和改进。通过农作物间隔种植、轮作轮作、有机农业等方式，保持田间生物的多样性，减少农药和化肥的使用，降低对生态环境的影响，实现农业生产与生态环境的协调发展。

第四，乡村自然生态环保需要加强社会各界的合作和参与，形成多方共治的局面。政府部门、农户、科研机构、社会组织等应加强沟通与合作，共同制定并执行生态保护政策，推动乡村生态环境的改善和保护。

综上所述，乡村自然生态环保是一项复杂而长期的工作，需要政府、社会各界和居民共同努力，通过长期的管理和保护，实现乡村生态环境的可持续发展，为人与自然和谐共生创造良好条件。

（五）推动乡村旅游的发展

乡村旅游作为一种新兴的产业，在促进乡村发展、增加农民收入、保护地方文化和生态环境方面发挥着重要作用。学习和借鉴发达国家的经验，特别是英国等国家注重乡村文化保护和生态可持续发展的做法，对我国乡村旅游的发展具有积极的启示意义。

第一，我们可以学习英国等国家在乡村旅游发展中注重对地方性文化的保护和挖掘。通过保护和传承乡村的建筑、艺术和风俗等传统文化，加强乡村文化景观的开发和利用，提升乡村旅游的吸引力和竞争力。

第二，我们可以借鉴发达国家在乡村旅游中注重土地可持续利用和生态经济发展的理念。通过挖掘和利用乡村丰富的自然人文生态资源，发展休闲农业和生态旅游业，实现农业和旅游业的良性循环，提高乡村经济效益和生态环境质量。

第三，我们还可以学习发达国家在乡村旅游发展中注重政府与地方社会的合作和共治机制。通过建立健全的政府管理体系和公共参与机制，促进政府、农民、游客和社会组织之间的密切合作，共同推动乡村旅游的发展和管理。

第四，我们需要加强对乡村旅游资源的保护和管理，防止过度开发和利用导致生态环境破坏和资源枯竭。建立健全的乡村旅游规划体系和生态保护机制，加强对景区和生态环境的监管和保护，确保乡村旅游的可持续发展和长期利益。

综上所述，学习和借鉴发达国家的经验，积极推动乡村旅游的发展，对于促进我国乡村经济发展、提升农民收入、保护地方文化和生态环境具有重要意义。

四、乡村生态景观营造的理念

（一）视觉意象环

1. 景观意象

乡村的视觉美感是乡村景观中不可或缺的重要组成部分，其吸引力源于其自身拥有丰富的植被覆盖和水域特征，同时具备视野穿透性和清晰的秩序感。原始景观和人文景观的保护，植被覆盖度和水域面积的丰富度，以及山峦的出现和色彩反差等因素共同塑造了乡村独特的魅力，吸引着人们前往欣赏和体验乡村生活。

乡村生态景观意象是乡村视觉景观的重要元素，从景观元素分析看，人们对乡村生态景观的想象成分决定了观看者的期望景象。千百年来乡村记忆里的"小桥流水、炊烟袅袅、农家小院、鸡犬相闻"，这些场景就是人们梦想的乡村生活意象。

乡村生态景观意象分为原生性景观意象和引致性景观意象两类。

（1）原生性景观意象

原生性景观意象是经验的积累过程。当一个人通过访问不同的乡村获得对乡村景观的一个综合的意象，从而建立起自我的乡村景观意象就是原生性景观意象，尤其是孩童时期的记忆是影响一个人的主要因素。

（2）引致性景观

引致性景观意象获得的途径很多，常规情况是通过文艺作品、摄影绘画、现代媒体、口耳相传等方式建立起来的乡村景观空间意象。引致的景观意象的获得和一个人的生活背景、文化层次有直接关系，反映出个人的生活经验。

两种意象构成了乡村景观视觉美感的形成原因，而乡村之美还在于淳朴的社会关系、自然的生活环境、独特的人文风情。西方人对自然景观的偏好程度高于对人文景观的喜爱。中国人则受到深厚的文化影响，更偏爱人文。乡村视觉方面表现在自然环境下的青山绿水、村口大树、溪流泉水、山涧鸟鸣、新鲜空气，还有人工建筑物表现出来的小桥人家、白墙灰瓦、农家村落、林荫小路、竹林茅屋等，都是能引起人们对乡村景观及其图像化联想。

2. 空间层次

王安石在《书湖阴先生壁》一诗中描写了乡村景象："茅檐长扫净无苔，花木成畦手自栽。一水护田将绿绕，两山排闼送青来。"景观视线从院内花木移向院外的河流、农田和远处的青山，推门而出，青山绿水扑面而来，展开了乡村景观空间层次。

乡村景观本质上属于当地地理、人文环境自然形成的一种适应性的文化景观，同时也反映了社会发展中，人类对自然的一种认知和改造，即通过利用自然元素表现出一定的自然风貌、人文建筑，从更微观的角度还会涉及某一地区人们生活中的方方面面。

景观空间层次是景观视觉里的核心内容，乡村的景观视线从远山、农田、聚落、住宅、庭院从远至近依次展开，最后上升到隐形的乡村文化景观。这六个空间层次构成了整体乡村的视觉形象，也是人们所期待看到的视觉形态。乡村景观营造应以因地制宜为核心思想。传统乡村聚落常依势而建，现代改造应尽量在不破坏地形的前提下进行，以降低成本并形成丰富的景观空间。通过巧妙利用地势高差，设计者能塑造独特的视觉特征，使每个角落都显现出独有的魅力。

乡村生态景观包含周边环境、聚落、公共空间、节点景观、街巷、住宅院落等。远山是画面的背景，提供了丰富的乡村生产生活资源。住宅为乡村生活的核心，街巷、水系、池塘都是村落居住文化的展现和传承。乡村田园中的动物、植物、土地、农具等成为生产重要的构成元素。乡村庭院是住宅外围的连接空间，成为私密与公共的边界，在这里能感受到最真实的乡村生活景象。乡村文化景观不仅是乡土文化的显性表达，更承载着代代相传的乡情，是社区凝聚力和文化认同感的象征。景观设计应遵循空间层次的原则，充分考虑地理条件，通过"你中有我，我中有你"的构建，逐层展开景观视觉意象，使整体呈现出丰富多彩的乡村景观图像，从而激发人们对家园的热爱和对传统文化的珍视。

3. 场景复现

乡村承载着深沉的乡愁情感，生活于其中就是生活于乡愁的记忆之中。沃尔夫冈·韦尔施在他于 1998 年出版的《重构美学》中提出了生活美学的概念，这一概念消解了生活与美之间的边界，使得生活的种种活动成为新的美学形态。从这个角度来看，人类真实的生活活动本身就成为丰富人类美学的内容，而乡村生活所孕育的乡愁情感正是其中的重要组成部分。他还认为美学必须重构，美学必须超越艺术和哲学问题。生活美学的提出将高深的美学从抽象的观念中带入了日常生活。乡村生活场景的记录，呈现出来的是发生在乡村中的人的场景化的画面，构成了人们对乡村生活的记忆片段，在乡村景观设计中可以适当再现或复原这些生活场景，将最真实、现代性、生活化、人情味的部分以恰当的方式在作品中展现。场景的展现不能完全存在表演的成分，这就要求原居民按一定的比例真实再现，杜绝"博物馆式"的建设。规划时需要留出更多的公共空间以满足营造的需求，还需结合不断变化的生活方式，留住有生命力的核心部分，去除糟粕，进行整体塑造。

随着科技的迅猛发展，智能化产品和电子支付的普及极大地改变了人们的生活方式和交易方式。现代人享受着无处不在的便捷，然而，这种便利也带来了虚拟世界的诱惑，使人们逐渐远离真实生活的深刻体验和感知。在科技的推动下，人们的面对面交流能力逐渐减弱，即使在同一空间，他们更倾向于依赖手机等电子设备进行沟通和交流。处于"体验经济"时代的今天，乡村生活正在成为旅游经济中的热门选择。游客们越来越倾向于深入乡村，体验当地居民的日常生活，寻找情感和知识上的真实体验。乡村景观中的种树、栽花、猪圈、马车等传统元素，以及水井、碾子、石磨、石槽等古老农具，不仅仅是静态的景观，更是承载着丰富历史和文化记忆的象征。乡村空间围绕着居民的生活展开，传递着千百年来的乡土文化，包括传统的生活方式和节庆活动，展现出深厚的乡土文化底蕴。乡村景观营造上应力求营造将生产和生活融为一体的"农业生产景观"和"农民生活景观"的复合景观，保留幸存下来具有生活生产功能的农业元素，将已经失去时代功能的农具通过设计改造赋予其新的生命。

4. 肌理质感

（1）聚落肌理

乡村聚落肌理是乡村景观中重要的组成部分，是指具体物质结构在排列组合后呈现出的表面特征。乡村肌理的形成受到多种因素的影响，如地理、气候、经济、制度、信仰等，因而体现了地域文化景观的独特特征。传统乡村肌理格局具有围合特点，反映了农耕文化的特征，是乡村传统风貌的重要表现形式。

然而，在当前的新农村建设中，往往忽视了乡村空间肌理的延续和保护，过度强调了空间集约化。要保护乡村景观，就需要从保护当地的乡村空间肌理入手，延续聚落肌理的特征。这包括恢复并延续村落的交通肌理、重建重要的肌理节点如祠堂、水井等，以及保留传统布局中的前田后宅等农田肌理。在土地资源整合的背景下，应保持传统聚落核心区域农田的小尺度发展，以保留传统景观意象。

综上所述，乡村聚落肌理的保护与延续对于维护乡村传统风貌和景观的完整性至关重要，需要在新农村建设中给予充分重视和保护。

（2）建筑单元肌理

乡村建筑的肌理是聚落空间肌理不可或缺的一部分。其营造材料如自然石材、砖瓦和木材，与周边自然环境融为一体，共同塑造了地域景观风貌。最初出现于乡村聚落的建筑被阿尔多罗西定义为一种经久而复杂的事物，它不仅先于形式，也是形式的逻辑基础。前人在选择建筑材料时主要考虑自身条件，这一决策逐渐演变为文化现象的一部分，反映了当地人与环境的互动与适应。乡村景观会随着时间的推移不断自我复制和异化形成稳定的空间关系，并投射出乡村社会生活的景观特征，且相互影响。

乡村建筑的肌理可以在空间构成的多种元素中被辨识和感知。首先独特的院落布局是中国乡村的共同选择，南方的院落如江南台院建筑、云南颗印、客家围屋、闽南地区的"古厝"等，北方的院落如山西的大院建筑、北京的四合院等，建筑单元都具有明显的院落特点。院落与建筑又形成了良好的比例关系，这样的肌理关系反映了建筑对气候的适应和文化上的寓意。其次建筑上的辨识图形符号也是肌理的重要内容，如门的样式，四合院的影壁、垂花柱，院落的廊道、廊桥，村落内的水圳，门前悬挂着的风水镜，救火的石缸，花池等，这些建筑单元肌理构成了乡村建筑肌理的元素，被人们深深记忆。乡村建筑肌理是体现当地风貌和性格而形成的相对统一的建筑形态，它的形成来当地民众拥有相同的审美价值观。除了以上构成元素之外还有建筑的外墙材料、铺地材料、砌筑材料等，这些都能被人近距离触摸并感知其肌理质感。

（二）景观功能环

1. 产业重构

俞孔坚的观点深刻影响了对于景观与乡村发展的理解。他认为，景观不仅仅是自然或建筑物的存在，而应作为人们行为的容器，只有能够满足人们行为需求的景观才具有真正的生命力和价值。在中国，特别是在对旧城和传统村落的保护与旅游开发中，俞孔坚指出，若景观无法服务人们的生产生活，最终将被人们所抛弃。农业工业化的趋势导致了人口向城市集中，许多传统小村落因此被废弃和消失。笔者在山西太原附近的考察中发现，大部分村庄已经空心化，几乎无人居住，建筑和设施破败不堪，失去了生机和功能。类似的现象在中国乡村普遍存在，虽然具体数据难以统计。2018 年，中国政府发布了关于农村土地经营权有序流转的政策变革，旨在推动农业适度规模经营和土地资源的整合。这一政策将通过土地确权和承包延期促进土地交易，避免资源浪费。俞孔坚认为，这一举措将引发乡村景观的巨大变化，可能出现大规模的农场景观和新型乡村社区。

随着新就业机会的到来，原有的乡村社会结构将改变，信仰与文化将更加多元。同时，乡村将产生系列如休闲、娱乐、教育、旅游等的新功能与服务。

2. 乡土营造

20 世纪 60 年代，伯纳德·鲁道夫斯基在纽约现代艺术尊物馆主持展览，他首次提出了"乡土建筑"的概念并随后出版《没有建筑师的建筑：简明非正统建筑导论》，书中不局限于传统狭隘的建筑历史研究，在建筑研究中引入日常性，使建筑向日常生活回归，其研究更加关注普通、世俗、感官、天然、粗野的形态元素。书中介绍了大量世界各地人类创造而没有经过建筑师设计的传统乡村建筑景观，如黄土高原上的生土窑洞、热带雨林中的高脚竹楼、严寒北极的冰屋、西非和南亚的苇草泥屋等。这些乡土住宅是在没有建筑师的指导下，村民以自己的智慧，取材地域，为应对气候环境效应而建。

中国传统的乡土营造正慢慢变得模糊，乡村建筑失去了传统，营造出不知所云的建筑语言符号。中国的乡土营造思想基础和表现方式均有别于西方国家，在世界文明建造体系里独具特色，聚落和建筑之中凝聚着深厚的宗教信仰、家族信念和文明传承。而乡土营造中又渗透着生态文明的生活方式，其核心价值是与农耕文明下的生产、社会制度融为一体。人们在乡村为生存而聚居，曾经的乡村生产生活呈现出生机勃勃的景象，而当下乡村的凋敝更多的是产业的凋敝，政策的遗忘、城市化的发展、农业的低价值回报、大量学校撤并、医疗的匮乏都让人们宁愿放弃乡村生活，走入城市。

传统乡土文化在当前是文化中最薄弱的部分。走进乡村，随处可见的生硬丑陋的混凝土房子与自然格格不入，更不能和古人的审美情趣相比。乡土和科技并非简单的二元对立关系，用科技去否定乡土文化，去抹掉地域传统必将导致乡村失去灵魂而机械地存在。未来的营造不能否定科技，也不能丢下传统，因为多元的文化组成了丰富多彩的世界。乡村景观设计师要找到出路，应真正走进乡村，研究产业，研究村民到底需要什么样的房子，研究年轻人的需求，让人们能真正栖居在乡村。振兴乡村更多地需要改善乡村生活条件，适应时代的发展，结合科技，建造更多的公共设施，完善教育、医疗、养老条件。

3. 公共空间场景化

公共空间的概念源自西方社会，涵盖城市的街道、广场、公园等，而乡村的公共空间则包括村口、古树、晒场、庙宇祠堂、古井、桥头、老戏台、街巷等元素。乡村中，每一个具体的空间都有很多不同的功能及文化内涵，如古树是生产生活空间，也是乡村人的信仰空间。[①]在很

① 李本建，夏杰瑶. 基于 FAST 分析法的程阳八寨侗族村落景观优化 [J]. 湖南包装，2021，36（3）：1-5.

多人的印象里，古树还是充满活力的社交场所，这里蕴含着不同的文化内涵和交流方式。节庆祭祀活动都围绕着公共空间开展，这些活动构成了乡村重要的生活元素，留下了深入人心的乡村场景化的生活图像。[①]近年来，一些地方为了发展乡村旅游，刻意打造乡村文化场景，通过雇佣村民演出来吸引游客，然而这些表面的场景往往未能真实反映当地的文化需求与价值。

乡村景观建设的关键在于重塑、保留和重建具有话题性的空间元素，以展示村民共同的价值认同和地方文化习俗。传统乡村的古井旁就是村民交流的重要空间，话题来自家长里短，取水和洗衣成为功能的需要，有些地方的井水还可以直接饮用。户户通自来水后，古井的功能退化，甚至被当作不安全因素被填埋。那么，在这个急速发展的时代是否还需要这样的空间？

场景化的生活建立在日常生产生活和地方文化习俗的基础上，反映出人们共同的价值认同。乡村景观设计立足于保留和还原场景化的设计理念，不仅仅是展现视觉上的图像，更重要的是为村庄留出更多的可交流的空间环境，并带来相互之间的话题。例如，URBANUS 都市实践在山西芮城五龙庙环境整治设计中，恢复了乡村交往的公共空间，加强了场所的凝聚力，使村民重新聚集，为当下农村精神价值的重塑创造出契机。

（三）意境环

日本建筑师藤井明用 20 多年时间调查了世界 40 多个国家的 500 多座聚落。他认为聚落的美和生命力源起于聚落中群体的"共同幻想"，这种幻想是聚落中群体共同遵守的制度、信仰、宇宙观等，不同的幻想

---

① 李本建，夏杰瑶. 基于 FAST 分析法的程阳八寨侗族村落景观优化 [J]. 湖南包装，2021，36（3）：1-5.

造就了聚落不同的个性和美的异质性。①意境是属于主观范畴的"意"与属于客观范畴的"境"二者结合的艺术境界。如果园林形象使游赏者触景生情，便会产生情景交融的艺术境界。乡村景观意境表现下的乡村聚落不单是物质的居住空间，更是精神场所。中国五千年文明史使得社会环境渗透着浓厚的人文历史文化，体现了中国文化中的特质。乡村景观除了让人对中国自然山水意境的感知外，其意境还表现在对乡愁的表达。"乡愁"是中华民族亘古不变的情怀，体现了国人对故土家园的深切眷恋。重土轻迁的中华民族将国家情怀和个人情感融于乡村的文化记忆之中。

乡村是诗意的情感和心灵的居住地。作为地方文化符号的乡村景观，浓缩了一个地方的文化认同和图像形态，设计中应挖掘隐藏在其中的历史文化、人文景观，提高居住者的幸福感，留住乡愁，升华其内涵，借乡村景观形态触发人的共鸣。

五、乡村生态景观的营造原理和模式

（一）乡村生态景观规划的主要内容

1. 环境敏感区的规划

环境敏感区一般是指具有最显著区域景观特征的地区，也是较脆弱、一旦被破坏便难以弥补的地区。②在进行新农村景观的规划与设计时，应对该区域的保护程度与范围进行分析、调查与评估，以确定环境敏感

---

① 张艳. 乡村复兴导向下苏南水网乡村特色空间发展策略研究 [D]. 苏州科技大学，2017.

② 王丽云. 对新农村景观建设实践误区的思考 [J]. 生态经济，2011（7）：177-179.

区的具体位置与范围，并实行重点保护，避免环境敏感区遭到不合理的
开发与使用。

2. 注意在规划时保持完整的景观结构

完整的景观结构是使景观功能得到有效发挥的重要保障。可是乡村
的景观结构时常会因为遭到人为的影响变得极不稳定，所以必须在进行
景观结构的规划时，对景观结构的薄弱环节进行补充，以完善其结构，
进而保证其稳定性。以下是较常见的两种完善景观结构的方法。

（1）注重对新农村廊道的规划

农村廊道中，一般有河流、峡谷、道路等，廊道是一个生态系统的
通道，包括物流、信息流及能流通道，在生态系统中占据着重要的地
位，是农村景观规划要重点解决的问题。

①自然廊道的规划

在进行农村景观的规划设计时，应充分认识到保护自然廊道的重要
性，并对其进行合理利用。

自然廊道通常是指河流与山脉这两种廊道，它的存在能够有效吸收、
释放、缓解污染，能够形成一条保护环，避免农村遭到城市的污染。水是
人类重要的资源，是人类赖以生存的重要条件，在进行新农村生态景观的
规划时，应保护好河流廊道，同时也应对河流进行充分利用。对河流的开
发利用，主要是为了营造堤岸防护林带，使之和两岸的乡镇、庭院及村庄
绿化有机结合，最终形成相互交错、别具一番风味的山水田园风光。

②人工廊道规划

人工廊道是新农村景观规划设计中的一大要点与亮点，常见的人工
廊道主要有人工修建的公路、铁路等，对于物质的运输、气流的交换、
人员的流动具有举足轻重的作用。在农村中，人工廊道主要是指村道。
然而，当前的农村道路普遍存在布局不科学、无绿化、连通性较差等弊

端，未能形成较好的道路交通网络。[①]因此，在进行新农村景观的规划设计时，应坚持绿化、硬化与方便化的设计原则，将道路设计成为连通性较好的道路交通网络，并加强对道路两旁的绿化规划，如在配置树种时，可采用高、中、矮相结合的配置方法，营造多层绿带景观，既能作为景观，又能作为防护带。

（2）注重斑块的规划设计

斑块在城市景观要素中占有举足轻重的地位。一般而言，斑块主要是指与周边环境具有外貌或者性质区别的空间单元，在乡村景观中，农田、草地等也是斑块。因此，在进行新农村的景观规划设计时，要正确认识到斑块的重要性，学会运用斑块理论，形成具有地方特色的斑块，如生活居住区斑块、特色农林生产区及农业观光旅游斑块。

当前，许多农村的居住点普遍存在分布杂乱、新老房屋未能分开布置、无公共绿化等弊端，在进行新农村的景观规划设计时，应把斑块建设均匀性理论作为理论指导，规划居民点时，按照"统一集中与均匀分布"的布局进行规划；要规划好居民点间的公共绿地，这样既能均匀分布绿地，又能增强居民点之间的联系。[②]此外，还要充分、合理地利用农村拥有的农林资源，既要有效进行产业发展，又要结合资源开发出新的观光旅游，促进特色农林生产区及农业观光旅游斑块的建设。

3. 加强对生态工程的规划

以往的景观创造主要以人工对环境的改造为主，该方法尽管可以在短时间内达成目标，并获得一定的新景观，但需要长期地耗费人力与能源去维持。在新农村景观的规划中，应把生态工程也作为一项重要内容，

---

① 夏鸿玲. 新农村生态景观规划建设探讨［J］. 科技信息，2008（33）：270+264.

② 夏鸿玲. 新农村生态景观规划建设探讨［J］. 科技信息，2008（33）：270+264.

因为通过生态工程，能够利用环境的能动性来帮助景观自我增值，可以节省大量的人力、物力、资源。生态多样性可以营造一种综合性较强的生态环境，该种环境的结构层次较丰富，且其自身的生长、成熟、演化能力较强，能有效抵制外界对它的影响，即使不幸被破坏，也可以自行更新、复生。所以，应加强对生态工程的规划与设计，这样既能节省大量的人工管理费用，又能实现对景观资源的永续利用，达到双赢的目的。

（二）乡村景观营造的原理

1. 共生原理

在乡村景观规划中，共生原理源自自然界中植物与动物之间的互惠关系，指不同生物基于共同生活的互惠共存。这一理念在规划实践中扮演重要角色，要求人类社会经济活动与景观生态特点相互协调。通过实现互利共生，优化景观利用，乡村规划能够确保生态环境的持续性和生态系统的健康。共生原理还需要整合多个系统，包括自然生态、农业与工业生产、建筑生活等，以协调各系统之间的关系，保障乡村景观的生态完整性和环境质量。其核心目标是创造天人合一、自然与社会和谐共生的最优环境。这种规划不仅激发人们的创造力和生产力，提供高品质的物质和文化生活，还确保人们的生理和精神健康，维持景观的生态平衡，创造舒适宜人的居住环境。

2. 景观结构与功能原理

景观规划设计的基础在于景观结构与功能的原理，这一理论是景观生态学的重要组成部分。福尔曼和戈德罗恩将景观结构划分为三种基本形式：斑块、廊道和基质。斑块是与周围环境不同并具有内部均质性的空间单元，典型的例子包括农田、居民点和草地等。廊道是指景观中与相邻环境不同的线性或带状结构，如防风林带、河流和道路等。基质则是指景观中分布最广、连续性最大的背景结构，如森林、农田和居民点。这三者共同构成了景观的基本结构，并决定了景观的功能。

景观的基本功能包括环境服务、生物生产和文化支持。环境服务涉及维持生态平衡和提供生态系统服务；生物生产关系到生物资源的生成和维持；文化支持则与人类文化活动和景观美学价值密切相关。在景观规划设计中，保证这三大功能的实现是至关重要的目标。景观的结构是实现其功能的基础，功能的实现依赖于景观内部协调有序的空间结构。

在进行景观规划设计时，应遵循从整体到具体的步骤，每一步都是上一步内容的具体化。具体到乡村景观的规划设计，重点在于了解景观的生态特征，充分考虑斑块、廊道和基质的作用。斑块廊道基质模式是比较和判别景观结构、分析结构与功能关系及改良景观的重要模式。这一模式可以帮助设计者识别和分析景观中的关键元素及其相互关系，从而优化景观结构，提升其生态功能。

3. 系统整体性和要素异质性原理

乡村景观是一个复杂的系统，由多种景观要素有机联系组成，其整体性原理强调系统综合效果大于各部分之和。整体性和协调性是乡村景观的重要特征，这意味着在规划和设计过程中，必须考虑各要素之间的相互作用和综合效应。乡村景观的要素在空间分布上表现出显著的异质性，这种不均匀性和复杂性影响着景观生态系统的稳定性、干扰能力、恢复能力和生物多样性。高度异质性的景观有利于物种共生，增加系统的稳定性，从而提升生态系统的韧性和适应能力。

通过调控外界输入的能量，可以改变景观格局，使其更加适宜人类生存和生活。景观格局的优化能够提高生态系统的功能和服务，为人类提供更好的生活环境。因此，乡村景观规划设计应运用整体性和异质性原理，进行科学合理的布局。

在具体的规划设计中，应统一规划道路廊道网络和房屋斑块等人为建筑，注重实用性和美观性，以实现乡村景观系统的整体性和协调性。通过科学的设计，乡村景观不仅可以维持其生态功能，还能提升人类居住的舒适度和美观度，最终实现生态效益与社会效益的双赢。乡村景观的规划设计必须在宏观和微观层面上统筹考虑，以确保整体性和异质性原理在实践中的有效应用。

4. 边缘效应原理

边缘效应原理是指景观中斑块与基质等边缘部分的特殊性质，其物种组成和丰富度与内部有所不同。边缘带越宽，有利于保护其内部的生态系统。在景观规划设计中，边缘效应对于生态流的影响至关重要，边缘部分可起到半透膜的作用，对通过它的生态流进行过滤。

景观的边缘效应不仅影响着生态系统的保护，还对景观的信息美学产生影响。不同质的景观要素边缘带的存在增加了信息的容量，使得构图更加丰富有趣。因此，在景观规划设计中，我们应该重视并善于利用边缘效应，合理设计边缘带的宽度和布局，以实现生态保护和景观美学的双重目标。

（三）模式的选择

乡村景观设计可归纳为八大建设模式：环境改善模式、乡土传承模式、旅游休憩模式、地产开发模式、产业发展模式、乡村酒店模式、艺术营造模式、多元一体开发模式。

1. 环境改善模式

当前国内乡村建设的模式以政府主导为主，投入大量资金用于修路、管线改造、危旧房整修、传统民居保护、乡村公共空间营建等乡村基础建设。

例如，河南信阳郝堂村由平桥区政府财政投入并引入乡建院的理念进行建设，在对乡村环境的改造中，农民作为建设的主体，参与其中，他们力求把乡村建设得更像乡村，不砍树、不填塘、不拆房子，使村庄农田的肌理都保持不变，将破败的地方稍加修整，留住了乡村特色。改善环境从垃圾处理开始，村规约束村民不可随处乱扔垃圾。村里建厕所、沼气池，利用资源改善环境。每年秋收后田里都要撒下紫云英以修复土壤，为来年田地增肥。

2. 乡土传承模式

在富阳由 Gad 设计团队操刀，历时两年余，对东梓关村核心长塘周边 39 幢古建筑进行了整治改造，重新诠释 46 幢杭派民居回迁房，恢复传统村落的原真性和多样性。东梓关村中部分居民长期居住在年久失修的历史建筑中，为了改善居住与生活条件，政府牵头邀请 Gad 设计师团队打造具有一定推广性的新农居示范区。设计的目标是恢复传统院落肌理。从传统院落空间到组团式单元，再到村落的生长模式与传统乡村肌理的发展关系相吻合。在 120 平方米的占地面积限制下，设计团队确定了两个尺寸的基本单元：小开间大进深和大开间小进深，每户间距在 16～32 米不等。设计重新恢复了传统住宅与院落的关系，在低造价的限制下，以现代的形式语言重构传统元素，塑造出了传统江南民居的神韵和意境：黑白灰的构成关系，曲线的屋顶，立面被隐藏的落水管，方窗上现代感的木质格栅、通透的花格砖墙，在提炼的基础上加以重塑，以强调邻里间的交往，该项目为东梓关村带来了复兴的机遇，乡村旅游重新兴起，居民回归，同时有多家设计公司工作室入驻。

3. 旅游休憩模式

乡村休憩是感悟一种精神、体验一种生活方式，是经历一场回归自然、返璞归真的生活之旅。从 2007 年的"裸心乡"到"裸心谷"再到

2017 年的"裸心堡"，德清莫干山的洋家乐作为设计简单、色调素雅的高端民宿集聚地，10 年间孵化出各类民宿 600 多家。设计师将老房子重新打造，把现代城市需求和乡土资源结合起来，走出了一条保护并传承的崭新道路。洋家乐学习和借鉴外国人的低碳、休闲度假的生活理念，创新地推出 App，成立网络交流社区，营造更多的社交化体验。村里的基础设施非常完善，每家酒店风格不同，但都提供非常周到的服务。乡村旅游休憩模式不同于早期的观赏购物模式，这突出地表现在服务与互动体验上，对环境品质有更高的要求。

4. 地产开发模式

阳山田园东方位于江苏省无锡市阳山镇，是一个资本运作下的田园地产开发、农业旅游、生态农业综合体。其以"市集"为主题，旨在活化乡村，赋予旧乡村新的活力。选址在拾房村旧址，选取了十座旧房子进行修缮和保护，保留了村落传统的肌理形态，村落里的古井、池塘和大树都一一保存。"市集"内开设有田园生活馆、窑烧面包坊、圣甲虫乡村铺子、拾房书院、原舍民宿、华德福学校、绿乐园、白鹭牧场等各类与生活密切相关的业态，完整还原出一个重温乡野、回归童年的田园人居生活状态。田园核心区内以生态蔬菜种植为景观，并增加了更多的农业体验项目，也给居民带来了绿色的食材。

5. 产业发展模式

广西华润百色希望小镇由自治区政府与华润集团近些年签订扶贫协议而进行打造。小镇位于百色市右江区永乐乡西北乐片区，农业人口400 左右，是当年国家划定的重点贫困地区。圣女果、芒果、西瓜及秋冬蔬菜是小镇主要的农作物种植品种。在建设前，乡村的基础设施极其破败，几乎没有硬化的道路，农宅质量低下，缺乏符合卫生标准的供水系统，更无污水污物排放和垃圾收集系统。医疗卫生条件差，医疗能力弱，教育投入少，教育水平低，整体居住环境较差。在这样的背景下，华润集团启动了乡村发展帮扶项目，通过华润慈善基金进行捐款，并吸引合作伙伴参与，鼓励村民共同建设。建设项目包括生态环保的市政基础建设、齐备的公共配套设施和和谐的民居改造，采用低价、低技术建造方式和生态环保的低碳原则。政府也配套建设了综合服务、文教、医疗设施和农贸市场。在管理与产业发展方面，引入城市物业管理理念，指导农民成立"润农农民专业合作总社"，搭建产业帮扶平台，通过四个阶段的工作，开展百色希望小镇产业帮扶。阶段包括统购统销、引导起步，优化品种、合作经营，土地流转试验和农超对接基地建设。产业振兴是实现乡村振兴的首要与关键，产业的科学、持续的发展才能为乡村注入源源不断的生命力，吸引更多的人留下来建设乡村，达到人才振兴的目的。现代农业的产业融合，应打通生产、流通、销售各个环节，实现一体化发展，建立高效的生态农业，营造良好的乡村环境，引导、组织村民在建设中发挥主动性的作用，强化其在乡村发展中的主导地位，建立新型的乡村社区。

6. 乡村酒店模式

2014 年，某餐饮的创始人以 6000 万元的价格租下了金华浦江县的马岭脚村，将其整体改建为民宿酒店，即"不舍野马岭中国村"民宿项目。该项目的目标人群是城市高端消费者，项目分为两期：一期以改建为主，设计中保留了具有 600 年历史的乡村聚落布局，以及原始的老宅形态。二期为新建的客房外墙，基本保留村落的原始肌理，调整了使用流线，为拓展功能的需要增加透明的玻璃盒子，将现代与传统有机地结合在一起，新和旧混合共存。项目将靠近路边的老宅设计为公共餐饮区，将依山就势的夯土房改造成客房使用，车停在村外，入村必须步行，野马岭村被改造成一个拥有自然山水、鸟鸣、溪流的静谧村落酒店。

法云安缦位于杭州灵隐寺边的法云村，此地历史悠久，在唐代就开始有人居住。2005年底，在政府主导下，法云古村原有住户近400户迁出了古村，由中国美术学院风景建筑设计研究院设计了法云古村50幢单体建筑。2008年，新加坡的安缦酒店集团介入法云古村的开发设计，基于保留古村特色的商业开发，安缦居的专用设计师——贾雅·易卜拉欣，将黄土作墙，石砌房基，设计了5个房型、42间客房，每间屋子都是独立庭院，保留乡村原始的居住形态。木窗木门、白墙黑瓦的古居另有一番风味。法云安缦位于进香古道之上，周围散落着五座庙宇，并有最好的龙井绿茶产地，沿路古木林立，竹林溪水，一派江南民居风貌。游人依山傍水听雨观云，仿佛身在山水画中。

乡村酒店模式成为乡村振兴的一种新的模式，激活了村落。如北京密云北庄的山里寒舍，将一座古村落改造成乡村生态酒店群，保持乡村的原始风貌，实行现代化的管家制服务，游客可以在这里体验自然与酒店相融合的生活。阳朔的云庐酒店位于兴坪古镇杨家村，由五座独立的泥砖房改建而成。房子保留了原建筑的木结构、黄土墙，屋顶上透光的亮瓦与现代生活元素相结合。云庐内还建有咖啡馆、图书馆、瑜伽室、画室、禅修馆以及会议、餐厅、茶道间等。

7. 艺术营造模式

艺术与乡村共振模式是当前比较好的模式，即乡村为了发展的需要，主动吸引艺术家前来或自发进行乡村创作，由外来艺术家带动本地居民共同创作，改变乡村风貌，达到环境改造、旅游营销的目标。[①]

以"许村计划"为先，以激活乡村为目的，艺术家渠岩从乡村历史空间找到艺术创作的原动力，以自己的行动与许村进行互动式的创作。

---

① 王文丽，徐向龙.乡村振兴背景下艺术乡建的社交媒体表达探索——基于发展传播学的视角 [J]. 百色学院学报，2020，33（5）：123-127.

在不断改造和完善之后，许村国际艺术公社建成，大量艺术家进入许村创作，并吸引了旅游者前来参观。之后，2011年策划人欧宁和左靖在安徽黄山碧山村，召集了艺术家、建筑师、导演、设计师等启动了"碧山共同体计划"，并首先策划了"碧山丰年祭"，与民间艺人一起展示乡村工艺作品，并举办研讨会，探索徽州乡村重建的可能。还有围绕文化旅游、艺术展演的南京慢城金山下的非常艺术小镇，以艺术院校大学生创业为核心的成都洛带创客基地等都是较成功的艺术模式乡村营造。

2015年5月，美国南加州大学建筑学院院长马清运来到庐山南麓，与中航里城合作的庐山归宗项目落地于此，并将项目内村落改名叫"灿村"。①项目从传统村落改造开始，开展有机生态种植，复原传统民间艺术，以农业联结聚落，打造陶渊明笔下"归园田居"的意境乡村。尽管灿村是个旅游度假综合体项目，但民间艺术、设计师民宿作品、文创集市、匠人作坊在项目中占有较大的比重。随后，项目又邀请美国南加州大学学生来到灿村开展村落改造的课题设计研究，邀请中国民艺专家管祥麟在"灿村"再现江西本地的民间手艺，与南昌大学合作研究本土文化艺术等。

8. 多元一体开发模式

南京石塘村因大力投资建设基础设施，集旅游、文化、社区和产业多元于一体，并有智慧农业、运动康体、影视传媒、科技孵化、艺术设计等相关配套产业，被评为"全国美丽宜居村庄示范"。石塘村借助大数据模式，向智慧旅游方向发展，让旅游服务更加精准和智能化，为游客提供深度的交互体验。在产业上，石塘村打造创客空间，营造更好的创业环境，将自然风光秀丽的小山村发展成为充满现代科技感的互联网小镇。石塘人家属于以政府为建设的主体，以国家建设"美丽乡村"为

---

① 张为. 乡村景观设计营造理论与实践 [J]. 中国果树，2020（5）：148.

契机，以"乡村旅游示范村"的创建工作为目标而建设的多元一体的开发模式。

浔龙河小镇项目地理位置优越，近长沙市，前期由政府从多方面介入，将其打造成政策试点项目。项目分龙之谷、田之歌、绿之园三大功能区，形成"九园一中心"的生态旅游布局，由村民、政府、市场三家共同建设形成合力。政府积极推动基础设施建设，村民集中居住区基础设施资金由地块内土地收益和国家城乡一体化项目资金进行投入。企业负责市场运作，村民集中居住搬迁的安置资金来自土地收益返还金。浔龙河小镇通过激活乡村资源价值，实现了乡村投资收益。

（四）未来乡村景观的发展模式

1. 产业庄园式乡村

面对未来，快速的城镇化过程和土地制度的调整带来的是乡村生产方式的转变，乡村产业庄园将陆续出现，乡村土地被集中起来高效利用，农民重新成为农业庄园的主人或者被雇佣者。产业化的农业生产方式带来的是农业经济高效、快速的发展，生产、研发、旅游为一体的乡村庄园大量出现在中国的乡村，带来的是乡村景观由以往零散分布、小而秀气的田园景观，变成集中、完整、宏大的乡村景观。欧美发达国家由于工业革命完成较早，机械化大生产很早就带来了产业庄园的发展。在美国，整片的大农场庄园形成了独特的乡村景观。我国在未来的几十年内也将逐步出现产业庄园式乡村。北方地区由于土地资源丰富、土地平整而具备机械化耕作条件，已经出现了一批产业庄园式乡村，如高端度假主题的北京张裕爱斐堡酒庄，现代农业公园主题的中牟国家农业公园、兰陵国家农业公园，特色产业庄园主题的北京蓝调庄园、洛阳中国薰衣草庄园、云南柏联普洱茶庄园等。

产业庄园式乡村依托现代农业，打造复合式的农业产业与乡村田园休闲度假区，建立现代农业品牌，提供观光、休闲、度假等多种产品，成立专业团队管理旅游工作，服务于乡村旅游，形成独特、高品质的庄园体验，村民被集中安置并受雇于庄园，同时积极引入社区组织，激发村民的参与热情。日本农业受到工业和商业的冲击，逐渐萎靡，为了寻求农业转型，较早地开发了产业庄园与旅游度假区。随着城市交通网络的发展，一些大型企业逐渐转移到城郊的乡村地区，围绕这些企业的相关供应链也会转移到同一区域，形成产业园区，大量就业人口进入带来的是乡村居住社区的涌现。随着农村土地交易形式的改变，这些产业园不同于政府主导的集中产业园区，表现出来的是诞生独特的产业村庄，形成新型的乡村景观模式。

2. 乡村博物馆式乡村

以旅游开发为特征的乡村博物馆模式，通过新建或者利用邻近城市的乡村整体改造，以传承乡村农业文化或者民风民俗为目标，集中展示乡村非物质文化。此类模式突出艺术、人文等方面的特点，从最开始的展示叙事逐渐发展到互动体验的旅游模式。距离桂林市区19公里的滴水人家，是一个以桂北风情、古民居建筑艺术、民间传统工艺为主题的乡村博物馆。它将古村寨整体搬迁过来，砖瓦古木都从乡村回收再利用，修缮后恢复了桂林北部汉族乡村住宅的特征，真实生动地复现了一处桂北古村落民居。景区里将传统桂北民间生产工艺作坊、民间工艺进行参与性展示，增加了互动的活动，利用文创产品销售吸引旅游者。

陕州地坑院，位于河南省三门峡市陕州区张汴乡北营村，有悠久的历史，是世界唯一的地下古民居建筑，被誉为"地平线下的古村落""人类穴居的活化石""地下的北京四合院"。

村落全部建于地下，坚固耐用、冬暖夏凉、挡风隔音、防震抗震，形成了"见树不见村，进村不见房，闻声不见人"的独特乡村景观。陕州地坑院景区，在地坑院原有的基础上，将22座地坑院相互打通，引入民俗如捶草印花、陕州剪纸、锣鼓书、澄泥砚、木偶戏、皮影戏、糖画、红歌表演、陕州特色婚俗表演等，建造了乡村博物馆，将地坑院传统文化传承下去，保留了人类文明宝贵的历史遗产。[①]未来会有更多有价值的乡村以乡村博物馆的方式保留下来，作为人类文明的见证。结合旅游的保护是目前发展的动力，而今后也必将会探索出更多的保护方式。

3. 乡村区域公园模式

德国的区域公园模式是一种服务型的乡村景观模式，选择处于城市与郊区之间的乡村作为城乡之间的生态缓冲区和文化休闲地，可为城市居民提供一个休闲度假场所，包括住宿和餐饮服务。于是在风景资源丰富、沿线交通方便的地区的乡村就形成了不同规模的区域公园并在20世纪90年代成为德国空间规划的重要形式。

法国在第二次世界大战后已出现区域自然公园，其初衷是为了保护生态，在乡村与城市交接的区域建设生态稳定的生态系统来服务城市生活，后期逐渐成为城乡一体化的产物，促进了文化旅游的发展，提高了公民的保护意识。目前，我国乡村景观设计还处于起步阶段，更多政策和发展模式有待摸索，乡村区域公园模式为此提供了一种借鉴模式。

三、乡村景观设计方法与步骤

（一）模仿与再生

模仿学强调艺术的本质在于模仿或展现现实世界的事物，这种模仿

---

①吉瑞东. 三门峡北营村"地坑院"乡村旅游可持续发展规划策略研究 [D]. 西安建筑科技大学，2017.

不仅存在于艺术创作中，也贯穿于生活的方方面面。在乡村景观设计中，模仿也是一种基本方法，通过观察和仿效乡村环境中的各种元素和文化，设计师可以学习并继承当地的传统，从而激发个人创造力。

以江西农村的草垛景观为例，当地村民习惯将收割后的稻草堆放在田地或院子里，用以生火做饭和储藏食物。这种具有地方特色的景观形式体现了当地的生产生活方式和文化传统。在设计乡村景观时，保留并借鉴这种乡土建造文化，将其融入景观设计中，可以唤起观者的共鸣，增强景观的文化内涵和地域特色。

在中国的不同地域，乡土景观展现出丰富多样的特征，如建筑外墙、地铺、木作、结构形式等。深入调查和研究这些地方特色，将其模仿并融入景观设计中，不仅可以丰富景观的形式和内容，还可以传承和弘扬当地的文化传统，使乡村景观更具有地域特色和生活气息。因此，模仿再生是设计乡村景观的一种有效方法，可以使景观更加贴近当地的生活和文化。

再生需要经过定的时间积累，保持原有美的形式，在新的生产方式和生活方式作用下，尊重当地风土习惯，经过系列的艺术加工，创造和发展出新的展现形式。在贵州肇兴侗寨，村寨内将农业景观场景在村寨景区广场前集中再现，游人下车之始马上能感受到浓郁的农耕景。

乡土景观的再生立足于当地的社会历史文化，艺术地还原或再现乡村落的表现形式，延续文化特征。四川北川新城在灾后的重建立足于传统羌族民居的传承和再生，建成了座宽阔整洁、绿树成荫、花草遍地的现代化街区乡村。富阳场口镇东梓关村，曾出现在作家郁达夫的笔下，"这是个恬静、悠闲、安然、自足的江边小镇"。利用朝向、庭院、装饰材料等区别，每幢房屋形成独具特色的自然建筑群体效果。改造后的村落保留了杭派民居的特色：大天井、小花园、高围墙、硬山顶、人字线、直屋脊、露檩架、牛腿柱、舩板墙、石库门、披檐窗、粉黛色，突出生态人本主义，处理好了人、建筑、环境的关系，再现了深宅台院传统"杭派"山水景观格局。

（二）保持聚落格局完整

1. 保留聚落整体结构

乡村聚落格局的成因主要是农田和住宅相近，利于农业管理。聚集在一起利于利用公共水资源。聚集便于安全保护。

乡村聚落格局最大的特征就是整体性。村落里具备各种生活条件和资源配给，安全和谐，呈现出不同的文化内涵特征和地域差异性。一般情况下，汉族民居偏于封闭整体的特点，山区少数民族的聚落却表现出开放空间的特征。乡村聚落的道路空间分为三类要素：道路、停车空间、公共活动空间。传统营造时的道路设计整齐有序、宽窄不一、开合有致，看似随意的空间退让间距是依据建造时的地形条件变化和村落的社会关系长期磨合而成。设计时，尺度比例关系的协调在于在设计过程中，不划定具体的红线宽度，尊重原有的道路格局，延续街道原有的自然肌理效果。如贵州青岩古镇，街巷用青石铺砌，依山就势，随地势自然起伏变化，纵横交错，自然协调。

完整的聚落格局包括街巷交通网络的整体、外部环境的完整、社区化的公共空间、空间尺寸和比例的和谐，从而使聚落空间形成完整的功能流线。"清江曲抱村流"，岳阳盘石洲三面环水，四面环山，山环水绕，村舍沿汨罗江河岸排列开来，炊烟缥缈，仿佛人间仙境，是幅理想的乡村聚落画面。

完整的乡村聚落元素包含街、巷、桥、水塘、建筑单体、井台、门楼、古树、公共场地等，这些元素序列构成了传统乡村的空间肌理，承载着乡愁记忆。试想，游人直接开车到村舍的门前，虽看似方便快捷，却失去了乡村原有的趣味，降低了乡村的品质。川西林盘是川西几千年前就以姓氏（宗族）为聚居单位，由林园、宅院及其外围的耕地组成，整个宅院隐于高大的楠、柏等乔木与低矮的竹林之中的分散聚落居住形式，是古老的田园综合体，林盘周边大多有水渠环绕或穿过，具有典型的农耕时代的生态文化特征，构成了沃野环抱的田园画卷，乡间道路景观的形状在陶渊明的《桃花源记》里的描述"阡陌交通，鸡犬相闻"。阡（南北方向道路）陌（东西方向道路）构成乡村田野的主要路网形式，南北交错在起，狭窄而修长，是独特的乡村景观。

2. 延续历史格局

聚族而居是中国传统乡村聚落的特征，血缘关系是影响聚落形成的重要因素。以宗法和伦理道德作为乡村社会关系的基础，以宗祠为中心而建成为很多乡村历史格局的重要特征，如为抵御外敌袭击，客家人以一个族群围拢而聚建立起的具有防御功能的土楼，宗祠在聚落中心，祭祖、节庆和宗法活动都在宗祠附近举行，从而形成重要的公共活动中心。[①]在中国的西南少数民族地区，至今还延续着"家建房全村帮忙"的传统风俗，聚落内都是同姓的亲戚，社会关系比较简单大家齐心协力，这是一般村落无法达到的。延续聚落的历史格局在当前除了继续维护以姓氏（宗族）聚居的形式外，更需要引导培育内生性的乡村社区，鼓励居民共同参与乡村建设，推动乡村的生态保护和产业发展，更有力地保护和传承乡土文化。

3. 营造完整的公共空间

人与人构成了乡村社会关系的主体。在社会学上，将人与人之间直接交往称为"首属关系"。长期以来，中国乡村人与人交往的场所是街

---

① 陈鹏. 乡村振兴背景下乡村肌理更新设计研究 [D]. 江南大学，2021.

巷交通、宗教活动、生产生活等区域，这些地方构成了除家庭关系之外村民重要的社会关系场所，也是乡村独特的社会景观。聊天、谈古说今、家长里短成为重要的生活内容。曾经的村口的大树下、打水的古井旁、茶馆、庙会、红白喜事场所、街道门口、赶集（圩）场、洗衣的河边，都是重要的公共空间，构成了完整的社会交流关系。乡村传统公共空间衰落后，新的公共空间尚未建立，农民的公共生活出现衰败的情况，现在的乡村小卖铺反而成了新兴的公共空间中心。从当前乡村公共空间的情况看，传统的凝聚型的公共空间正走向离散。发生在乡村公共空间的信仰性正在衰弱，娱乐性减少，生产性逐渐消失，政治性被限制。复兴农村传统的公共文化空间，促进村民互动、各种思想交流，提高村庄的凝聚力，增强社区认同，是乡村景观聚落设计中非常重要的个环节。乡村不能简单地复制城市的公共空间，公园、广场如果没有涵盖乡村文化观念、体现价值认同、满足现代的功能需求，便无法安放村民的情感寄托和精神归宿。

安徽省绩溪县家朋乡尚村竹蓬乡堂项目中，由于当地"老龄化"现象严重，设计团队选定了高家老屋作为村民公共客厅，借高家老宅废弃坍塌院落，用6把竹伞撑起拱顶覆盖的空间，为村民和游客提供休憩聊天、娱乐、集会、聚会、展示村庄历史文化的公共空间。竹蓬的建成将村民团结凝聚到乡村公共空间，对乡村的激活有重要的意义。

4. 注重屋顶视觉线

天际线的概念最初是西方城市规划的定型理念，城市中的建筑通过高度、层次、形体组合在一起构成了城市的总体轮廓景观，体现了城市的审美特点。笔者认为天际线的概念同样适用于乡村景观环境。乡村屋顶构成的天际线是构成乡村景观重要的元素，给人以强烈的视觉感、节奏感。中国传统民居有秩序感的屋脊线，如徽派建筑的马头墙、岭南建筑的五行墙、陕北的靠山窑洞大院、山西深宅大院均质化的屋顶形式，都反映出强烈的文化符号，蕴涵着中国文化中含蓄而内敛的特点。刘心武在《美丽的巴黎屋顶》里写道："古今中外，建筑物的'收顶'，是一桩定建筑物功能性与审美性能否和谐体现的大事。"屋顶被称为建筑的"第五立面"，屋顶的屋脊线和天际线是聚落格局完整的重要视觉表现。除了建造结构带来的造型变化，屋面的色彩、质感、走向等都能唤起人们对于乡村的无限想象。

5. 保持建筑视觉上的统一

乡村建筑应结合当地地理位置和气候条件，合理安排朝向，尽量利用自然通风保持建筑节能。综合考虑其功能性与视觉性的特征，整体建筑应充分融于周围自然环境之中，达到视觉上的统一。建筑屋顶、外墙立面、开门开窗形式在视觉上也要尽可能达到统一，但要注意的是，这样的统一不是复制，是在美学上其设计符号的统一，在变化中求统一的效果，尤其忌讳不加考虑地复制。例如，捷克特罗镇广场上的每栋建筑山墙立面虽然各不相同，但通过下层的拱廊将立面很好地在视觉上统起来，开窗样式、色彩也在变化中寻求比例、色调上的相似符号，给观者以视觉上的统一和韵律感。在材料的选择上，也应采用能体现当地民俗民风的材料，如木材、石材、竹子、新式生土技术等，现代材料如钢结构、玻璃等在建筑中可局部使用，但要保证建筑整体上地域材料的比重远远高于现代材料。现代材料在色彩和比例关系上也需要考虑办调关系，这些属于美学范畴。

（三）乡村景观符号提取

乡土景观符号提取是乡村景观设计中的重要步骤，它涉及对传统文化和地域特色的挖掘和运用，以及对现代设计手法的创新和发展。在乡村景观符号提取中，可以采用以下几种具体手法。

1. 直接借用

从传统乡村景观中选取具有代表性的图案、造型或肌理等元素，直接应用于设计中。这种方法可以通过重新组合和再创作，形成地方特色的符号和文化表达，唤起人们对地方的熟悉感和归属感。例如，在江西农村的民宿酒店中，使用符号式的图案装饰房屋，展现乡村文化的魅力。

2. 解构重组

对传统景观形象进行解构，选取其中某些符号内容进行重新组合和创作，形成新的关系和秩序。这种方法可以使地方传统工艺与现代技术相结合，创造出具有地域特色和人文情感的设计。例如，在四川成都的奶牛生产基地项目中，设计师将传统竹元素进行解构重组，构建新的建筑结构体系。

3. 材质装饰

从传统乡土景观中抽取典型的乡土元素，结合现代化的材料表现出传统与时尚的装饰特征。在材质选择上要考虑与当地场所气质相吻合，甚至可以回收当地的旧建筑材料进行再设计，体现再生的意义。例如，在山东日照的凤凰措项目中，使用废旧建筑材料与现代材料进行对比，营造出乡土自然的野性空间。

4. 引申意境

运用意境表达方法，通过新的形式表现传统乡村人文背景所隐含的意义，创造出具有诗意和意境的设计空间。这种手法在空间设计中更多用于表现文化。例如，在杭州富春开元芳草地乡村酒店的船屋设计中，体现了当地古老的船居文化，引申出空灵的诗意栖居空间效果。

这些方法的运用可以使乡村景观设计更具有地域特色和文化内涵，唤起人们对乡土历史和传统文化的共鸣，营造出富有情感和意义的设计空间。

（四）表现景观肌理

1. 延续场所肌理

乡村景观的肌理是乡村生活历史的延续，通过修复、保持乡村的传统肌理，让乡村的人文精神和集体记忆得以保存。通过封闭边界、定义聚落边界、边界渗入以及异型介入等方法，来修复破碎的景观板块，重新构建体现场地的新的乡村景观形式。

2. 强化地域文化肌理

乡村景观的美学价值在于强化地域文化肌理，通过乡村砌筑、铺装等方式来展现地域文化的特色，体现出乡村的地域性和文化传统。

3. 重塑五感景观肌理

通过视觉、听觉、嗅觉、触觉、味觉等五种感官来体验乡村景观，让人们全方位地感受乡村的美好。在设计乡村景观时，需要考虑各种感官的体验，营造丰富的景观氛围。

4. 传承艺术肌理

利用传统艺术品如石制符号、木制雕饰等来传承乡村的艺术肌理，让乡村景观充满艺术的气息，凝聚人们的文化认同和情感共鸣。

5. 建立新乡村景观肌理

在保持传统的同时，也要注重建立新的乡村景观肌理。让乡村景观与时俱进，适应现代生活的需要，同时要避免过度商业化，保持乡村的纯朴和独特性。

通过这些方法和理念，可以打造出丰富多彩、具有地域特色和文化内涵的乡村景观，为人们提供愉悦的生活和旅游体验。

（五）乡村植物景观设计

确保生态格局的完整性和多样性是非常重要的，这有助于保持自然生态系统的平衡，同时留住了原有的植物群落。考虑地区的气候、地理位置和生态链关系，确实能够更好地选择适合当地环境的植物种类，提高植物群落的稳定性和生态适应性。

在种植方式上，确保使用本地的乡土植物，而不是过多依赖外来树种，可以更好地体现乡村的地域特色，也更容易维护。对于不同的场景，选择合适的植物进行搭配，从大型乔木到小型木本植物和草本植物，都可以为乡村景观增添丰富多彩的视觉效果。

考虑乡村的特点，如乡间道路、岸边等场景，选择合适的植物进行种植，不仅可以美化环境，还可以起到保护和提示的作用。在公共空间和庭院中，选择合适的乔木和藤蔓植物进行种植，也可以有效地改善环境，并增加居民的生活品质。

总的来说，乡村植物景观设计需要充分考虑当地的地理环境、气候条件和生态特点，选择适合当地的植物种类，并结合不同的场景进行合理的植物配置，才能真正实现生态平衡和景观美化的双重目标。

（六）发展乡村文创

乡村文化创意产业是指以乡村传统文化资源为基础，通过跨界融合和创新，以文化创意产品和服务为核心，推动乡村产业结构调整和文化振兴的产业形态。其核心价值在于重新审视和赋予传统乡村文化新的内涵和生命力，从而实现乡村生活方式和文化传承的更新与传承。

在实践中，乡村文化创意项目通常由策展人邀请国内外艺术家、建筑师、设计师等跨界合作，结合土地开发、历史建筑保护和特色旅游等资源，以实现古村落与现代艺术的有机结合。这些项目旨在通过艺术的方式改变乡村环境，重塑乡村生态和人文景观。例如，2011 年安徽省黟县碧山村艺术下乡项目"碧山计划"就是一种典型的实践，通过开设书店、举办艺术展和丰年祭等活动，探索乡村文化创意的新路径。

乡村文创园的建设也是乡村文化创意产业发展的重要体现。例如，中国首个乡村文创园莫干山庾村，通过市场投资和乡村再造，打造了一个包含文化展示、艺术公园、乡村教育培训、餐饮配套和艺术酒店等多元化文创内容的文化市集。这些园区旨在提供一个集文化创意、旅游休闲、教育培训于一体的多功能平台，推动当地文化创意产业的发展。

然而，乡村文化创意产业在实践中也面临着一些挑战，其中包括运营效果不佳、商业化倾向过重等问题。当前，虽然一些乡村正在积极营造文创氛围以推动乡村旅游发展，但实际上，商业利益往往成为乡村文创项目最终发展的主导因素。因此，在未来的发展中，需要更加注重保持文化创意产业的纯粹性，坚持以文化为核心，探索可持续发展的路径。

（七）以村民参与为主体

村民应当成为乡村景观建设的主体参与者。通过充分调动当地村民的力量，激发他们的创造力和主动性，使其亲自参与村庄建设，是实现乡村发展的关键。随着物质条件的改善和眼界的开阔，村民的接受能力和审美意识也在逐渐提高，因此他们的参与至关重要。

当前的乡村建设大多由政府主导，但往往存在着对实际情况了解不足的问题。政府往往采取保护传统建筑原貌的方式，但这种做法有时会限制村民的发展空间，导致实施效果不佳。同时，政府拨付的费用也不足以满足昂贵的维修费用。因此，应当更加重视村民的意见和参与，真正落实乡村建设为村民的本质目标。

乡村景观方案的制订应当充分考虑村民的意见，在方案初步制作好后现场听取专家和村民的意见，并对反馈的意见进行整理和回应。设计者需要在听取和整理意见的过程中进行判断和调整，但也不能完全被牵着鼻子走。只有以村民为主体，依托地域特征，明确设计目标，才能最终制订出适宜的乡村景观方案。

第六章　乡村旅游开发与生态景观设计

第一节　乡村旅游景观的空间格局

一、景观规划与乡村旅游理论研究

（一）乡村旅游度假产品需求分析

一是旅游休闲型产品，这类产品的特点是接待地设有特殊的服务设施、建筑以及辅助娱乐设施，旨在提供给游客舒适、惬意的休闲体验。

二是主题观光型产品，这种产品以观光为主要功能，通常是以观光农园或者主题村落的形式呈现，通过丰富多彩的主题活动和景观，吸引游客前来参观。

三是度假型产品，这类产品通常在观光农园或主题村落中建有大量可供娱乐、休闲的设施，扩展了度假操作等功能，加强了游客的参与性，让游客能够在乡村中度过轻松愉快的假期。

四是租赁农园型产品，这是一种新兴的乡村旅游产品形式，在一些国家和地区已经出现。农场主将大农园划分为若干个小块，出租给个人、家庭或团体，让他们在日常生活中享受农村生活的乐趣。

综上所述，未来乡村旅游度假产品的发展方向应当更加多样化，结合当地的资源和特色，提供更丰富、更具吸引力的体验。

（二）乡村旅游项目规划的主要内容

1. 地域特色的观光旅游发展

在原有乡村环境的基础上，继续发展有地域特色和乡村特色的观光旅游项目，突出当地的文化、历史、风土人情等独特元素。

2. 特色农业产业旅游开发

结合当地农村庭院经济、农园果园经济、养殖经济、畜牧经济、农副产品加工等特色农业产业类型，开发包括农园采摘、鱼塘垂钓、森林观光度假、牧场观赏狩猎等项目，让游客亲身参与。

3. 乡俗节庆旅游

结合春节、元宵、端午、重阳等民间传统节庆活动，设计相关的项目，突出本土文化特色，吸引游客参与，让其深度体验当地的传统乡土文化。

4. 农家美食旅游

以方便游客品尝乡野土特产为主要目的，推出农家美食旅游项目，让游客品味当地的地道美食，体验农家烹饪的乐趣。

5. 城市少年儿童的研学旅游

利用农业文化景观、农业生态环境、农事生产活动等资源，为城市少年儿童提供研学旅游服务，让他们在乡村中学习和体验。

6. 综合性农业旅游项目

结合观光、休闲、学习、体验等多种元素，打造综合性农业旅游项目，如植物花卉知识介绍、农事体验活动等，让游客全面感受农村生活的魅力。

通过以上内容的规划，可以更好地满足不同游客群体的需求，丰富乡村旅游产品的内容。

（三）乡村旅游商品开发

1. 旅游纪念品

利用乡村旅游景点的文化古迹或自然风光制作纪念性工艺品，如旅游纪念章、纪念图片等，以此来记录游客的旅行经历，留下美好的回忆。

2. 实用手工艺品

包括染织类、陶瓷类、编织类、雕刻雕塑类、塑造镶嵌类等手工艺品。这些手工艺品可以展现当地的传统工艺和文化特色，如刺绣、陶器、竹编、木雕等，吸引游客的注意力。

3. 特色产品

开发地方特色的土特产品，如自制的茶叶、中药材、风味物产、山珍系列、时令水果等。这些特色产品能够展示当地的农村风土人情和丰富的农村资源，吸引游客品尝和购买。

4. 旅游日用品

提供具有实用价值的生活日用品，包括游览用品、携带用品、服装鞋帽等。这些商品能够满足游客在旅游过程中的各种需求，如地图、旅行包、T恤衫等，方便他们的旅行体验。

通过以上开发，可以为乡村旅游提供丰富多样的商品选择，满足游客的不同需求，增加旅游收入，促进乡村经济的发展。

（四）乡村旅游项目线路设计

1. 确定目标市场和成本因素

需要明确目标市场的特征和需求，以及旅游线路的性质和类型。成本因素在设计过程中至关重要，它决定了旅游线路的价格和可接受范围。

2. 确定旅游资源的基本空间格局

根据游客的类型和期望，确定组成线路内容的旅游资源的基本空间格局。这包括对旅游资源的定性和定量分析，必须使用量化的指标来表示旅游资源对应的旅游价值。

3. 分析旅游基础设施和专用设施

结合前两个步骤的背景材料，对相关的旅游基础设施和专用设施进行分析。这包括交通便利性、住宿设施、餐饮服务、导游服务等，以确保线路的畅通和游客的舒适度。

4. 选择最优的旅游线路

根据前面的步骤设计出若干可供选择的线路，然后选择最优的旅游线路。在选择过程中，需要考虑线路的吸引力、可行性和经济性，以及与目标市场的匹配度。

在乡村旅游项目线路设计中，需要特别考虑城市居民的主要动机和目标市场格局。乡村旅游的吸引力在于清新的空气、乡土的气息、民俗的风情、田园的风光和悠闲的节奏。因此，线路设计应该围绕这些特点展开，并适应目标市场的需求和特征。

（五）乡村旅游活动开发创新

1. 农耕文化的多层次开发利用

（1）天然的环境和舒缓的生活节奏

乡村的自然美景和宁静的生活节奏是吸引游客的重要因素。通过提供与自然亲近的体验，如观赏日出日落、欣赏星空、听取自然声音等，使游客可以真正感受到乡村的自然之美。

（2）农耕文化的展示

建设农业游乐园，并在其中展示农耕文化，通过展示古老的农业历史、展示农业生产工具、开展农业体验活动等方式，让游客了解和体验中国悠久的农耕文化。

（3）农耕出租

提供农家住房、灶具、燃料等设施，让游客自己动手体验农家生活。游客可以参与农田劳作、厨房烹饪等活动，与农家互动，体验农家的生活方式和文化。

通过以上方式，可以使乡村旅游更加丰富多彩，吸引更多的游客参与，同时也促进了农村经济的发展和文化的传承。

2. 乡村旅游开发与民俗文化的有机结合

中国作为一个统一的多民族国家，由于各民族在文化、生活方式等方面的显著差异，形成了丰富多样的民俗文化。这些民俗文化具有多重魅力：其独特性使每个地域的文化成为该地本土的象征；质朴性反映了民间乡土生活的真实面貌；神秘性则体现在一些文化传统对外人来说仍显神秘和新奇；而传统性则是民间文化历史和传承的象征。将这些民俗文化融入乡村旅游开发，不仅能够吸引国内城市居民来体验和感受不同的文化，也能因其独特性和吸引力而吸引国际游客。因此，乡村旅游开发不仅有助于促进国内旅游业的发展，还能增加国际游客对中国多元文化的兴趣和参与度。

（1）发扬传统礼俗文化

中国被称为礼仪之邦，拥有跨越千年的丰富习俗和传统，不论是汉族还是众多少数民族都有着深厚的文化底蕴。这一文化遗产，尽管偶有瑕疵，仍蕴藏着不可替代的精华，值得保护和提升。在文化旅游发展领域，特别是在少数民族地区，有充分利用本土民间风俗的机会。游客们不仅可以享受自然风光的魅力，还能一边沉浸于当地的生活方式中——品茶、品尝当地美食、参与葡萄酒品鉴，一边体验当地习俗中蕴含的热情款待。这种第一手的体验不仅提供休闲和娱乐，还作为一次教育之旅，丰富了游客的理解，这些无形中提升了当地旅游资源的吸引力。

（2）发扬传统节日民俗文化

中国的节日文化源远流长，反映了劳动人民丰富的生活智慧和共同愿望。其中，春节作为最重要的节日，象征着新的开始和希望。人们在春节期间穿新衣、换新器皿，寓意着新一年的新气象和美好前景。除春节外，中国还有许多其他重要的节日活动，如元宵节的赏灯、猜谜和舞狮子，以及端午节的赛龙舟和投粽子喂鱼虾等传统习俗。少数民族也保留着丰富多彩的独特节日，如藏族的藏历新年、回族的开斋节、彝族的火把节以及傣族的泼水节，每个节日都有其独特的仪式和庆祝方式，展示了少数民族文化的丰富多样性。这些节日不仅仅是文化传承的载体，也是重要的旅游资源。

（3）体验传统的婚俗文化

在当代城市年轻人中，婚姻趋向简约已成为一种显著趋势，尤其是在快节奏的社会环境下。与此形成鲜明对比的是少数民族地区依然保留着丰富的传统婚俗，这种对比凸显了文化和生活方式的多样性。如今，旅行结婚已经不仅仅是一种选择，而是一种时尚趋势。即使在传统婚礼后，许多新人也选择进行浪漫的蜜月旅行，这进一步推动了旅行结婚的流行。少数民族地区可以通过开发婚俗旅游资源，吸引年轻人和其他游客，同时展示具有本民族特色的婚礼服务，以此展示和传承当地的民俗文化。异地举办婚礼不仅能够深化情感，还能丰富新婚之旅和整个人生的经历，为新人们带来更加丰富和难忘的体验。

3. 乡村旅游开发应与现代文明和谐相融

乡村旅游的发展必须与现代文明和谐相融，既要保留乡村的农耕文化特色，又要融入现代文化的新元素。

在不影响乡村美景的前提下，设计别具特色的停车场，可以将停车场设在麦秸垛旁或拱顶绿坡上，或者荫蔽于豆棚、瓜架下，使停车场与自然景观融为一体，减少对乡村环境的破坏。

在设计餐厅和酒店时，整合现代管理应考虑效率和便利。

在乡村旅游项目中，可以让游客参与农耕活动，如采摘、烹饪等，让他们亲身体验农家生活的乐趣。通过现代技术手段，如音视频设备、互动展示等，向游客展示乡村的农耕文化和生活方式。

通过以上方法，可以实现乡村旅游与现代文明的和谐相融，既满足游客对现代化生活的需求，又保留了乡村的传统文化和自然美景。

二、乡村旅游的空间格局

（一）乡村旅游选址空间布局

旅游交通主要是为旅游者们提供旅行游览所需要的交通运输服务而形成的一系列社会经济活动和现象的总称，旅游交通同样也是发展旅游业的一个先决条件之一，只有具备了发达的旅游交通，才可以让旅游者顺利而愉快地完成旅游体验。

1. 城乡交通

乡村旅游交通主要是城乡交通，即从主要客源城市到乡村旅游目的地的交通路况及工具选择。因为乡村旅游通常是以自驾游为主的，因此距离与路况就成了项目选址的重点关注对象。通常来说，城市近郊与靠近高速公路的出口，是乡村旅游目的地优势最显著的地方。例如成都市的龙泉驿区洛带古镇与金堂县的五凤溪古镇，都属于典型的移民文化古镇。五凤溪古镇在龙泉山脉东面，属于沱江上的水码头，洛带古镇位于龙泉山脉的西面，是出入成都重要的商品集散地，旧时东出成都的陆路转水路需要翻越龙泉山，山上到现在依旧还保存了古商道"三道拐"。现在发展乡村旅游，洛带古镇则占据了非常明显的交通优势；尽管也通了高速，但五凤溪古镇离高速淮口出口仍然有 20 分钟的车程，因此，五凤溪古镇和洛带古镇在游客的数量上就存在明显的差异。

2. 出行半径

出行半径也被称作旅游半径，主要是指以某一个客源地作为圆心，以人们可以出游的地区间的距离作为半径，可以形成的出行范围。李山等运用"空间阻尼"的概念，估算出大陆居民在国内的旅游半径平均是300 公里。张素芬则以旅游半径为中间变量区分的二分旅游，指出其大半径持续性旅游与小半径季节性的旅游之间存在很大的差异。

出行半径因人而异没有绝对值，且交通线路不同距离也存在差异，但是，出行半径的测算对于乡村旅游选址仍然具有重要作用。例如大邑县的安仁古镇、彭州市的白鹿古镇都在打造音乐特色小镇，成都市区则是它们的主要客源地，这就需要测算出行半径来配套旅游项目。出行半径约 60 公里的安仁古镇，提出"用音乐典藏记忆"的理念，通过对影音创作、音乐创作、音乐人才培训三大基地建设，完善配套，做强音乐产业。

3. 旅游线路

旅游线路一般是指为了让旅游者可以在最短的时间内获得最大的观赏效果，由旅游经营部门充分利用交通线串联起来若干旅游点所形成的一个特色合理走向。乡村旅游项目的选址，通常都需要充分考虑怎样利用交通线把乡村的旅游点串联在一条旅游线路中去，尤其是景区依托型乡村旅游项目，靠近风景名胜区的旅游交通线路也特别重要。如四川省眉山市的洪雅县柳江古镇与槽渔滩镇，都是以水为媒的乡村旅游目的地，柳江古镇在去瓦屋山风景区的线路上，游客如织，乡村旅游蓬勃发展。槽渔滩则偏离了旅游线路，幽处玉屏山下，打造风景名胜区的努力并没有取得成功，进而转向发展乡村旅游，效果仍然也不令人满意。

（二）乡村旅游空间环境布局

乡村旅游空间环境的营造，要善于从传统空间文化中汲取养分，学习和应用中国古代建筑的空间布局和营造法式，了解和重视乡村旅游者对环境的看法，在合乎环境计划或科学原则的基础上，寻求自然环境与空间人文的平衡。

1. 背山面水

所谓游山玩水，山水本身就是一个非常重要的旅游资源，即使是这样，乡村旅游对山水资源的利用依旧具有典型的选择性。例如，邛崃市南宝山的木梯羌寨，属于"5·12"大地震之后异地重建的一个羌寨地址，原名是夕格羌寨，位于汶川县龙溪乡，虽然已经有近千年的发展历史，但是并非旅游村寨。夕格羌寨在重建选址过程中，充分考虑了旅游发展的基本因素，最后才选择于南宝乡木梯村进行重建，并且还更名为木梯羌寨。2017年7月1日，南宝山风景区开始全面对外开放，高山彩林、峡谷瀑布等一些比较典型的自然风光展现在游客面前，木梯羌寨属于非常重要的人文景观。羌民依托于当地的特色民居来不断发展民宿、餐饮，并且还配套发展民族手工艺品、特色农副产品等多种经营，生活有了极大改善，人均年收入过万元。在川西平原地区乡村旅游点同样讲究选址，以"水—田—林—宅"为一体的川西林盘为佳，以靠近河流、湖泊为佳，这也是前人智慧的结晶，是乡村旅游开发实践的基本经验。

2. 步移景迁

中国传统美学讲究的是步移景迁，也就是不同的视角可以欣赏到不同的景象。这一赏景原则应用于乡村旅游中也是同样有用的，并且还衍生出了"视角多向""步行无扰""阶不如坡"等设计法则。例如人们在走过了一片金黄的油菜花海之后，还算不上真正的乡村旅游，如果结合了山脉、湖泊等自然景观的话，设计观景线路和观景台，可以让人在不同视角都欣赏到不同的景观变叠，从而产生深刻的乡村旅游的体验。乐山市的犍为县芭沟镇菜子坝油菜花海之所以非常有名，除了用于代步的"嘉阳小火车"之外，更为重要的一点就是"老鹰嘴"峭岩展翅欲扑、"亮水沱"气象环境中的小火车蒸汽如虹，天时地利以及景观的相互叠加，都使这里的油菜花海呈现出与众不同的景观。

3. 四时四方

中国传统意义上的时空观认为，空间是由天地四方围合而成的，它的秩序主要是以日月星辰、四时太岁为主要纲纪的，是所有神灵万物生存之所在。如四川的古城、古镇、古园林和合院民居，大多都充分体现了四时四方的审美旨趣。空间围合的乡村旅游布局，很明显就是受传统思想观念的影响。乡村旅游空间上的围合还是非常有必要的，如四川绵阳市的三台县石安镇德胜村的围合，就是通过山脉实现的，而川西林盘的围合则是通过树林和竹林实现的。乡村旅游选址布局还需突破另外一个瓶颈，即季节性。不管是土地种养，还是景观设计，都应该遵循四时的规律，强调四时的不同。

（三）乡村旅游资源要素布局

乡村旅游选址的布局通常也需要充分运用生产布局相关的理论，遵循旅游地域的生产综合体发生、发展演变基本规律，尤其是要好好地把握住乡村旅游开发的基本特质。

1. 以地聚人

古代的堪舆有相地书法，《汉书·晁错传》同样也有"相其阴阳之和，尝其水泉之味，审其土地之宜，观其草木之饶，然后营邑立城，制里割宅"的文字记载。[①]乡村旅游选址也需要遵循"相地"的规律，这里并非是要探讨风水堪舆之术，而主要是强调因地制宜，结合地理产品和地方文化去发展乡村的旅游资源。以地聚人不但应该重视土地的产出，同样也需要重视地理空间的变化，在乡村旅游的选址与规划过程中，山石水体、田园人家都属于造景的素材，自然环境的选择与地理空间的充分利用，属于乡村旅游以地聚人的重要前提。

2. 以市利人

以市利人实际上就是通过乡村旅游市场化，满足乡村旅游广大消费者的市场需要，使社区的居民在乡村旅游经营过程中增收获益。一方面，需要坚持市场配置资源的基本原则，通过旅游市场活化乡村，创造出一个良好的市场环境；另一方面，需要坚持以人为本的基本原则，持续提高乡村旅游质量与服务水平，确保广大游客与社区居民的实际利益。通常来说，乡村旅游的市场具有深刻的自我调节性，对企业、技术与人才同样具有正向的驱动性，以市利人方能聚人，实现人地的和谐发展。

---

① 张国昕. 生态文明理念下西北宁陕地区移民宜居环境建设研究 [D]. 西安建筑科技大学，2017.

乡村旅游采取以市利人，还主要包括乡村的旅游业态进行调节，避免出现同质化与过度商业化的相关问题，这就关系到了产业整体的分布。合理的产业空间布局与相关功能的布局，不但可以突出其个性，还可以实现以市利人的效果。

3. 以文化人

以文化人，重点强调的是文化对人形成影响。乡村文化通常也属于乡村旅游的本质属性，它能够有效地满足旅游者共同追求的文化体验与精神陶冶。其中，乡村的景观文化对于休闲的需要产生的影响最大，之后依次会形成乡村消费文化与乡村活动文化。[①] 在实践中，以文化人的过程，通常以文化为主线贯穿到乡村的旅游始终，并且还通过文化节点，充分展示出乡村旅游典型的魅力。在乡村旅游的整体布局之中，文化资源布局不但属于一个空间的概念，更多的则是一个富有创意的工程，也是优化升级后的重中之重，归根结底都是要提升其自身的吸引力的。

第二节　乡村旅游景观的开发类型

一、"庄园"旅游发展模式

"庄园"旅游发展模式展现了对乡村旅游的新理念和实践探索。这种模式不仅仅是为了满足游客的休闲度假需求，更重要的是将乡村旅游与农业生产、工业加工等功能相结合，实现了旅游业与乡村经济的有机

[①] 蔡小于，邓湘南．乡村文化对乡村旅游需求的影响研究 [J]．西南民族大学学报（人文社会科学版），2011，32（11）：144-147.

融合。通过提供丰富多样的体验和服务，庄园旅游吸引了大量游客，为乡村带来了经济效益的同时也促进了农村资源的合理利用。

在"庄园"旅游发展模式中，两种类型的庄园——"原真性庄园"和"舞台化庄园"展现了不同的特点和魅力。无论是以农业生产为主还是以旅游体验为主，都融合了乡村的自然风光和人文特色，让游客身临其境地感受到了乡村的魅力与生活方式。

例如，"爱斐堡"展现了原真性庄园的经营模式。它不仅是一个葡萄酒庄园，更是一个兼具农业生产和旅游体验功能的综合性场所。游客可以参与葡萄采摘、品酒体验等活动，感受到了葡萄酒生产的全过程，同时享受到了高品质的休闲度假服务。"茶溪谷"则展现了舞台化庄园的特点，通过舞台化的手法将茶文化与自然景观相结合，打造了一个具有浓厚文化氛围和休闲度假功能的乡村旅游景区。

"庄园"旅游发展模式的成功得益于其综合性、创新性和市场导向性。它不仅提供了丰富多样的旅游体验，还创造了就业机会、促进了地方经济发展，为乡村振兴注入了新的活力。"庄园"旅游也面临着发展不平衡、资源利用不合理等挑战，需要进一步加强规划管理，保护生态环境，提升服务质量，实现可持续发展。

二、景观规划与观光农业

（一）生态回归游

生态回归游是一种旨在提供未受干扰和破坏的自然和原生文化遗存旅游环境的旅游方式，其主要目的是满足城市居民对自然的渴望，让他们在自然中享受恬静与放松。成功案例如丽江古城展示了补助和保护措施的有效运用，既保护了古城的文化遗产，也促进了居民和旅游者的双赢。然而，挑战也不可避免，如黑龙江的街津口村，旅游开发未能让所有居民平等受益，暴露出资源分配和社区参与度不足的问题。以下着重介绍新疆维吾尔自治区麻扎村旅游观光发展的情况。

位于新疆吐鲁番地区鄯善县的麻扎村，距离吐鲁番市西约 47 公里，距离鄯善县东约 46 公里，古代高昌城位于其西南约 13 公里处，是文化丰富和历史重要性的见证。麻扎村被住房城乡建设部和国家文物局列为第二批"国家历史文化名村"，是古代文化遗产的摇篮。其显著特征甘佛洞于 2006 年被国务院列为第六批国家重点文物保护单位，突显其考古文化价值的重要性，并于 2010 年被认定为中国六大重大考古发现之一。

地理上，麻扎村位于偏远绿洲环境中，经历过典型的极端气候条件。尽管偏远，村庄保留了维吾尔族古老住宅的精髓，体现了新疆北部最古老的建筑形式和传统。其丰富的遗产，融合了充满活力的民族风俗和浓厚的宗教氛围，使其成为从建筑研究到民俗学和宗教实践演变等领域都引人深思的文化和宗教遗址。

除了学术意义，麻扎村还因其巨大的旅游潜力吸引着旅行者。自 19 世纪以来，该村吸引了众多国际旅行者和探险家，他们被其如画的风景和历史魅力所吸引。村内的旅游区包括四个主要景区，为游客提供了了解其悠久历史和传统生活方式的窗口。

在经济上，麻扎村居民主要种植葡萄、石榴和哈密瓜等农作物。然而，尽管具有旅游吸引力，村内旅游业的家庭收入仍然较为有限，因社区在旅游活动中的参与度不足而受到阻碍。

在风景如画的偏远地区，当地社区的生活环境展现了乡村魅力与现代挑战的融合。在景区入口处，有基本的供水管道和部分电力设施，能够基本满足生活需求。然而，除此之外，大部分地区缺乏供水管道和像空调这样的供暖设施。传统的土坯房屋占据着建筑景观，一些建筑有百年历史，但出现了裂缝和部分坍塌的迹象。废弃的房屋散布着家庭垃圾。

居民主要是老年人和儿童，他们主要使用维吾尔语进行交流，少数人可以流利地使用普通话与游客互动。他们的生活方式简朴而优雅，有着独特的宗教实践。尤为显著的是，在霍克斯甘清真寺外的隐秘角落，妇女们在黎明时分聚集静默祈祷，这些传统代代相传。

旅游业作为一项蓬勃发展的经济活动，由当地少数经营农家客栈和便利店的居民主导。这些场所提供矿泉水和西瓜等必需品，尽管价格较城市区域通常高出两到三倍。创业精神还体现在个性化的家庭旅游服务上，如拜克力·达吾提就自豪地展示他的家庭历史，并为游客提供摄影服务。

典型的游客群体主要是由包车导游组成的旅行团，通常会花大约一个小时探索和拍摄这个村庄。除了少数例外，进入居民区域通常限制在指定的"家访"点或需要当地人陪同，以保护当地生活的隐私和真实性。值得注意的是，研究该地区的学术访客通常与社区进行广泛互动，这得益于会流利普通话的双语维吾尔导游。

尽管入口处设有收费亭和停车场等基本设施，但该地区缺乏商业酒店，信息牌用普通话、维吾尔语和英语提供简要的描述，反映了该地区在旅游管理方面处于初步发展阶段。

投资与开发是旅游发展的基石。西域旅游股份有限公司吐峪沟分公司在麻扎村投入大量资金，旨在改造景区基础设施、进行投资、开发与宣传。按照有关协议，门票收入的65%属于西域旅游公司，15%属于吐鲁番文管局，20%属于鄯善县政府。[①]这些投资不仅提高了旅游吸引力，也为村民提供了经济机会。村民的参与在麻扎村旅游开发中至关重要。村民们利用自然生态环境、葡萄田园风光、生土建筑群落、宗教文化和民俗文化等资源，通过销售特色农产品和工艺品、提供餐饮和住宿等方式获利，提升了生活质量。此外，村民的积极参与也为游客提供了更加丰富多样的体验。

---

① 李娜.旅游开发中的民族传统文化保护——吐鲁番吐峪沟维吾尔族乡村调查[J].新疆社会科学，2011（4）：54-60+167.

关于景点开放情况，目前千佛洞不对外开放，需凭文物管理部门的文件才能进入；麻扎（七圣人祠）早年门票为 20 元，现在则调整为 6 元，所有游客均可进入。这种变化不仅增加了游客的参与度，也提升了景区的收入。村民迁移与居住问题是开发过程中需要解决的。在距离麻扎村约 1 公里处，建设了抗震安居房，以解决新增人口的迁移问题。然而，由于经济困难、长期居住习惯和农作便利等原因，部分村民不愿搬离老旧土房。还有些村民因旅游投资商的要求，选择留守这些老房子，进一步复杂了迁移问题。旅游发展虽然带来了经济效益，但也带来了资源消耗和生活条件停滞的挑战。村民的经济水平有所提高，但生活条件却未见显著改善，导致部分人选择离开或间歇性离开。环境位置优越的家庭则无序建设，影响了村庄整体环境。环境与文化保护是旅游可持续发展的基础。麻扎村整体环境和结构的完整性、村民生活中的民俗性和异质性，是旅游增值的重要因素。然而，村民在文化、收益和权利方面处于弱势地位，保护政策更多针对具体文物，忽视了村落生态和社会环境的整体保护。未来，若没有环境和生活条件的改善，麻扎村可能会变成名副其实的"麻扎"（墓地）。因此，在推进旅游开发的同时，必须注重环境和文化的保护，确保麻扎村能够在旅游发展中实现经济和社会可持续的发展。

（二）观光采摘游

1. 观光采摘游的内涵

近年来，全球农业产业化的发展使人们逐渐认识到现代农业不仅具备生产功能，还能在改善生态环境的同时，提供观光、休闲、度假等多种功能。随着收入增加、闲暇时间增多和生活节奏加快，人们对旅游的需求日益多样化，尤其在农村环境中寻求放松的需求日趋明显。在这种背景下，农业与旅游业相结合的新兴产业——观光农业应运而生。其中，旅游观光采摘园作为观光农业的一种形式，备受欢迎。

中国地域广阔、人口众多，农业资源丰富，气候多样，地形分布广泛，这些优越的自然条件为观光农业的发展提供了坚实基础。随着城市化进程的加快和双休日制度的普及，越来越多的城市居民开始追求乡村旅游体验，观光农业旅游需求大幅上升。观光农业园区不仅能为游客提供多种休闲娱乐活动，还能依托高科技高效农业带来的经济效益，展现出强大的生命力和广阔的发展前景。这种融合了农业生产和旅游休闲的新型业态，不仅满足了现代人多样化的休闲需求，还推动了农村经济的发展与环境的改善，实现了社会、经济和生态效益的多赢局面。

目前，中国的观光采摘园建设已经取得一定进展，但仍存在一些问题。例如，规划不够系统和协调，缺乏综合设计，过度侧重于采摘活动而忽视环境适宜性和娱乐活动；开发深度不足，经营模式单一，缺乏多样化的旅游和娱乐项目；受季节影响较大，导致非果实采摘期效益低下；经营者对观光农业园区重要性认识不足，基础设施建设不完善，给游客带来不便等。

因此，为了提升观光农业园区的质量和发展水平，应加强规划设计，推动多元化经营模式，优化季节性经营策略，提升经营者管理水平和认识，加强基础设施建设，以提供更好的旅游体验和服务质量，促进观光农业旅游的可持续发展。

2. 观光采摘游规划的技术要点

（1）园址选择要求

采摘观光果园的建立需要经过严格的园址选择，以确保园区的生态环境良好、土壤、大气和灌溉水符合无公害果品生产的国家标准，并且具备适宜果树生长的土壤质地和充足的灌溉条件。

第一，园址选择要充分考虑生态环境因素。优选的果园位置应远离污染源，如工厂、污水处理厂等，避免因环境污染对果品质量产生不利影响。果园周边应尽可能保留自然植被和生态系统，以提供良好的生态环境，有利于保持果树健康生长和果品品质。

第二，园址选择要考虑土壤质地和土壤条件。土壤应具备适宜果树生长的特性，如疏松、排水良好、富含有机质和养分丰富。土壤 pH 值应适中，对果树生长有利。通过土壤质地的分析和评估，选择适合种植果树的土壤类型，确保果树根系能够良好生长，并为果实提供充足的营养。

第三，园址选择要考虑大气和环境条件。果园应位于空气清新、气候适宜的地区，避免污染物和有害气体对果树和果品的影响。适宜的气候条件有助于果树健康生长和果实成熟，保证果品口感和品质。

第四，园址选择要确保有充足的灌溉条件。果园建立需要稳定的灌溉水源，保证果树在生长季节内获得充足的水分供应。灌溉水质应符合国家标准，不含有害物质，确保果品生长过程中无公害。

总之，园址选择是采摘观光果园建设的重要环节，需要全面考虑生态环境、土壤条件、大气环境和灌溉条件等因素，以确保果园能够提供高品质的果品和良好的观光体验。

（2）土、肥、水管理技术

园内土壤管理对采摘观光果园的健康生长和果品品质至关重要。

①土壤管理技术

土壤活性层的要求达到 80 厘米左右，这对于果树的根系生长至关重要。根系能够深入土壤，吸收更多的水分和养分，从而保证果树的生长和果实的发育。

根系分布层土壤有机质含量达到 1% 左右，这有助于改善土壤的结构和肥力，提高土壤保水保肥能力。有机质的充足还能够增强土壤的微生物活性，促进土壤生态系统的平衡发展。

生草覆盖可以有效地减少土壤的水分蒸发，防止土壤侵蚀和保护土壤微生物的生存环境。生草还可以提供土壤覆盖,减少杂草的生长,降低除草的成本和工作量。

②施肥管理技术

配方均衡施肥是确保果树生长和果实发育的关键。有机肥和定量化肥相结合,能够满足果树在不同生长阶段的养分需求,提高果品的品质和产量。

基肥和根外追肥相结合的施肥方式能够满足果树对养分的长期需求。基肥主要是为了提供果树生长初期所需的养分,根外追肥则可以根据果树生长情况和土壤肥力状况进行及时补充,确保果树的健康生长。

③水管理技术

节水灌溉设施的使用可以有效地减少水资源的浪费,提高水的利用效率。通过灌溉系统,可以根据果树的需水量和生长情况,精确控制灌溉水量和灌溉时间,避免水分过量或不足,从而确保果树的生长和果实的发育。

混合施用水、肥、药能够提高施肥和施药的效率,减少资源浪费和环境污染。采用混合施用技术,可以减少施肥和施药的次数,提高工作效率,同时降低生产成本和环境风险。

综上所述,土、肥、水管理技术的合理应用对于采摘观光果园的健康发展和经济效益具有重要意义。通过科学管理,可以提高果园的生产力和资源利用效率,为果农创造更多的经济价值。

(3)整形修剪

整形修剪是采摘观光果园管理中的重要环节,旨在实现艺术造型与丰产树形的有机结合,但又不能违背果树的生理特性,以及保持果树整体的健康和稳定生长。

①艺术造型与丰产树形结合

整形修剪旨在通过精心设计和修剪,打造出符合艺术美感的果树形态，并保证果树的丰产性。修剪要结合园区整体的景观规划和设计，使果树形成统一的艺术风格，提升园区的观赏性和吸引力。

修剪还要注重果树的丰产性，合理控制枝条生长，促进果树分枝、开花和结果，确保果实的丰满和品质。

②遵循果树生理性状

在进行整形修剪时，必须充分了解果树的生理特性，尊重果树的生长规律和生长习性，避免过度修剪或不当修剪导致果树生长受损或产量下降。

根据果树的种类和品种特性，科学合理地选择修剪方法和时机，保证修剪对果树的影响是积极的，有利于果树的生长和产量提高。

③一区一片，整齐划一

整形修剪要做到一区一片，即根据果树生长情况和园区景观布局，在不同的区域采取不同的修剪方案，使每片果树群体形成统一的风格和形态，整体效果和观赏性更佳。

修剪要力求整齐划一，保持果树冠形对称，枝条分布均匀，不仅美观大方，也有利于果实的生长和采摘操作。

④亩枝量和叶果比合理调节

在整形修剪中，要根据果树的品种和生长情况，合理调节亩枝量和叶果比，控制枝条的密度和叶片的分布，以确保果树冠层通风透光良好，有利于光合作用和果实的成熟。

通过合理的亩枝量和叶果比调节，可以保持果树的健康生长，稳产丰产，形成健壮美观的树体结构，提高果园的产量和品质。

综上所述，整形修剪是采摘观光果园管理中不可或缺的重要环节，它既是艺术创作的表现，又是果树生长管理的重要手段，合理的修剪可以使果树保持健康稳定的生长状态，同时提升园区的观赏性和吸引力。

（4）花果管理

花果管理是采摘观光果园中至关重要的一环，它直接影响着果树的果实产量、品质和观赏价值。

①花期管理

在花期，可采用喷施硼肥来促进花粉萌发和花药分裂，增强花粉的活力，从而提高授粉率和座果率。硼元素对于果树的花期生长和果实形成具有重要作用，适量的硼肥能够增加果实的坐果率和品质。

采用人工授粉的方式，可在花期间人工将花粉传递至花蕊，提高授粉成功率，增加果实的数量和品质。

增加蜜源植物的种植数量，吸引蜜蜂等传粉昆虫，促进花粉传播和授粉，有利于提高座果率和果实质量。

②果实管理

采用疏花蔬果的方式，可通过手工或机械方式去除一部分花朵，使果实的生长空间得到合理分配，从而保证果实大小整齐，提高果实品质和市场竞争力。

对果实进行套袋或贴字管理，可以保护果实免受害虫和病害的侵害，减少果实损伤和质量损失。套袋或贴字还可以在果实上标注信息，便于管理和销售。

结合摘叶转果和铺反光膜等技术手段，可以调控果树的生长节律，促进果实的成熟和发育。摘除部分叶片有助于减少果实的竞争，提高果实的品质和产量；铺设反光膜可以增加地面反射光线，提高果实的色泽和含糖量，增强果实的市场吸引力。

综上所述，花果管理是采摘观光果园生产管理中不可或缺的重要环节，科学合理的管理措施能够有效地提高果树的坐果率、果实品质和产量，从而增强果园的经济效益和观赏价值。

（5）病虫害防治技术要求

病虫害防治技术是采摘观光果园管理中至关重要的一环，它直接关系到果树的生长发育和果实品质，同时也影响到果园的生态环境和人体健康。

①贯彻"预防为主，综合防治"的植保方针

预防为主是病虫害防治的基本原则，通过预防措施来降低病虫害发生的可能性。综合防治是指采取多种手段综合治理，从而提高病虫害防治的效果和可持续性。

②生态环境改善和栽培管理为基础

通过改善果园的生态环境，增加有益生物的数量和多样性，提高生态系统的稳定性和抗病虫能力。加强栽培管理，保持果树的健康生长，提高其抗病虫能力。

③优先使用物理防治

物理防治是指利用物理手段来防治病虫害，如杀虫灯、粘虫板、粘虫胶带、糖醋液、性诱剂和套袋等。这些方法无污染、无残留，对环境友好，能够有效地控制病虫害的发生和传播。

④以生物防治为主

生物防治是指利用天敌和微生物等生物因素来控制病虫害，如利用瓢虫、草蛉等捕食性天敌和赤眼蜂、丽蚜小蜂等寄生性天敌来防治害虫。生物防治方法对环境友好,不会产生抗药性,具有较好的持久性和稳定性。

⑤最大限度减少农药用量

农药的使用应该最大限度地减少，尽可能选择低毒、低残留的农药产品，并且严格按照使用说明进行施用。改进施药技术，减少农药的污染和残留，保护环境和人体健康。

⑥控制在经济阈值以下

病虫害的防治应该控制在经济阈值以下，即在不影响果园产量和品质的前提下，采取有效措施控制病虫害的发生和传播。

综上所述，采摘观光果园的病虫害防治技术要求是多方面综合考虑的结果，既要确保果园的生产安全和果实品质，又要保护生态环境和人体健康。通过科学合理地采取预防和综合治理措施，可以有效地控制病虫害的发生和传播，实现果园的健康稳定发展。

（6）因地制宜，营造特色景观

①因地制宜

地势、地貌、水源、道路等地理因素都是园区规划和建设需要考虑的重要内容。因地制宜的原则要求充分利用和发挥当地的自然资源和优势，根据园区的地理条件和环境特点进行规划设计，尽量减少资金投入，实现资源的最大化利用和经济效益的最大化。

例如，在地势较平坦的区域可以考虑开展大规模的果树种植和采摘活动；在地势起伏较大的地区可以打造观景台、步道等游览设施，提供更丰富的游览体验。

②营造特色景观

为了吸引游客并体现园区的独特魅力，必须注重营造具有特色的景观。这需要在设计和建设中融入审美的观点，创造出更高质量的园区景观。

在景观设计上，可以考虑结合当地的文化、历史和地域特色，打造出独具特色的景观，如仿古建筑、民俗文化展示、地方特色植被等。

景观设计还应考虑季节性变化，确保在全年中都有不同的景色可观。例如，春季可以展示果树的花期美景，夏季可以进行果实采摘活动，秋季可以欣赏果实成熟的景象，冬季则可以打造冬季庄园景观，增加园区的吸引力和游客体验感。

综上所述，因地制宜和营造特色景观是旅游观光采摘园规划和建设中至关重要的两个方面。通过科学合理的规划和精心设计，可以打造出具有地域特色和吸引力的生态采摘园，为游客提供丰富多样的游览体验，实现旅游观光、采摘和娱乐的有机融合。

（7）开发多种旅游项目，注重参与式项目的设置

开发多种旅游项目，并注重设置参与式项目，对于旅游观光采摘园的发展至关重要。

①满足不同游客需求

开发多种旅游项目能够满足不同游客的需求和兴趣。有些游客可能更喜欢参与性强的项目，如果树栽培与管理、果实采摘等，而有些游客可能更倾向于观赏性的项目，如景区游览、休闲娱乐等。因此，通过提供多样化的项目，能够吸引更多的游客。

②增加游客参与度

参与式旅游项目能够增加游客的参与度和互动性，使其更加投入到体验中。例如，让游客参与果树的栽培与管理，让他们亲身体验农业生产的乐趣和辛劳，增强游客对果园的归属感和体验感。

③丰富游园体验

参与式项目不仅可以让游客了解果园的种植和管理过程，还可以丰富他们的游园体验。例如，让游客参与水果罐头、果脯的制作活动，让他们亲手制作自己喜爱的水果产品，增加游园的趣味性和实用性。

④提升游园吸引力

注重设置参与式项目可以提升采摘园的吸引力和竞争力。随着城市生活压力的增加，人们对于放松和体验自然的需求也越来越强烈，参与式项目能够满足他们对于田园生活的向往和追求，吸引更多游客前来参观。

⑤促进地方经济发展

开发多种旅游项目，特别是参与式项目，不仅能够促进采摘园的发展，还可以带动当地农业、旅游等相关产业的发展，为地方经济增添新的动力。

综上所述，开发多种旅游项目，并注重设置参与式项目，有利于丰

富游园体验、提升吸引力，促进地方经济发展，是旅游观光采摘园可持续发展的重要策略之一。

（8）注入乡土气息，突出地域文化特色

在旅游观光采摘园的规划和建设中注入乡土气息，突出地域文化特色，是提升园区吸引力和竞争力的重要策略。

①展示地域文化特色

采摘园应该充分展示所在地区的地域文化特色，包括风土人情、传统习俗、当地特色美食等。通过搭建具有地方特色的建筑、举办传统庙会集市、展示当地手工艺品等方式，向游客展示当地独特的文化魅力。

②延伸娱乐活动

在地域文化特色的基础上，可以延伸开发多样化的娱乐活动，使游客在享受采摘乐趣的同时，也能深度体验当地的文化和生活方式。例如，举办民俗表演、传统技艺展示、乡村美食节等活动，吸引游客参与和体验。

③挖掘当地故事传说

每个地方都有自己的传说故事，可以通过讲故事、举办主题游戏等方式，将当地的传说故事融入园区的文化氛围中，增强游客的参与感和体验感。

④提升游客体验

注重展示地域文化特色和延伸娱乐活动，能够提升游客的体验感和满意度，增加他们对采摘园的归属感和回头率。通过深度融入当地文化，让游客在园区中感受到真实的乡村生活氛围，带来更加丰富和深刻的旅游体验。

⑤促进地方经济发展

强调地域文化特色和开发多样化娱乐项目，不仅能够提升采摘园的旅游吸引力，还能够促进当地经济的发展。通过吸引更多游客，带动周边农副产品的销售，促进地方产业的繁荣和发展。

综上所述，注入乡土气息，突出地域文化特色是提升旅游观光采摘园吸引力和竞争力的重要手段。通过展示地域文化、延伸娱乐活动等方式，能够丰富游客的体验，促进地方经济发展，实现采摘园的可持续发展。

（三）科普实习探索游

科普游作为一种面向公众的活动，旨在提升科学文化素质，通过将科学精神、思想和方法融入丰富多彩的活动中，实现寓教于乐的目标。这种形式的旅游不仅能让公众在娱乐中学到科学知识，更能将科学理念转化为日常生活的指导原则，从而在无形中提升公众的科学素养。通过丰富科学文化生活，实现资源共享，营造出人人学科学、用科学的社会氛围。科普游的开展还增加了科学协会组织的活动内容，促进了"科学素质纲要"的实施。

在农业领域，当前的科普市场存在较大的空白，教育和示范功能明显不足。然而，科普教育逐渐成为观光农业和农业科普发展的新方向，利用优质的农业资源展示现代化农业技术，体现科技向生产力的有效转化。农业与科普的融合具有重要意义，它能有效促进休闲农业的转型升级，提高其质量和效益。推动农业科普示范基地的创建、宣传推广和相关法规的落实，对于提升"三农"发展和城乡居民的科技文化素质具有重要作用。农业科普不仅是一种教育手段，更是推动农业现代化发展的重要途径。中国拥有丰富的农业资源和悠久的农耕传统，这些为休闲农业科普游的发展提供了广阔的空间。具体来说，休闲农业科普游可以分为五大类别：自然山水科普游、农业文创科普游、设施农业科技游、农事节庆科普游以及线上农业科普游。这些类别各具特色，既能满足不同人群的需求，又能全面展示农业的多样性和科技进步。

1. 自然山水科普游

自然山水科普游是一种集自然景观展示和农业文化传播于一体的旅游形式。通过展示包括山地、农田和水域等在内的自然风景，并结合果蔬花卉观赏采摘园等元素，自然山水科普游不仅让游客尽享自然风光，还能了解农业文化和生态环境的深厚底蕴。这种旅游形式通过开发旅游村、民宿农家乐以及果蔬观光采摘等休闲农业科普产品，使游客在体验自然美景的同时，感受到农业生产的魅力和田园生活的宁静。

2. 农业文创科普游

农业文创科普游将传统农耕文化与现代创意农业相结合，以农民生产资料、农民生活资料和农副产品等为主要展示内容，为休闲农业科普游注入了高文化附加值。

农业文创科普游将现代休闲农业园区中的创意设计融入旅游体验之中。通过对农业废弃物和农副产品的创意加工，游客能够体验到农事劳作的乐趣，并体会到农业与创意结合所带来的独特魅力。游客可以参与农业废弃物的再利用和创意设计，体验农民的生活和劳作，感受传统农耕文化与现代科技的融合。这些活动不仅展示了农业的传统魅力，还展现了现代农业的创新和发展，丰富了游客的科普知识和文化体验。

3. 设施农业科技游

设施农业科技游依托农业科技园区，将农业科技与休闲农业旅游有机结合。游客在参观现代化农业设施和高科技农业技术的同时，还能参与各种科技互动体验项目。这种形式旨在打造一个集农民科教、农业科普和休闲娱乐于一体的功能区，既提供科学知识的普及，又为游客提供愉悦的游览体验。

游客在参观过程中还可以参与果蔬采摘、农副产品加工等丰富多彩的活动。这些活动不仅使游客更加深入地了解农业科技，还增强了他们的亲身体验和参与感，使科技知识更加生动和易于理解。设施农业科技游的发展不仅拓展了园区的生产性功能，还为游客提供了一种新颖有趣的旅游方式，寓教于乐，受到了广泛欢迎。

4. 农事节庆科普游

农事节庆科普游通过利用节庆活动展示农事民俗和农业资源，整合地方特色节庆活动，打造富有特色的农事节庆科普项目。通过参与农事节庆科普游活动，游客不仅可以领略到浓厚的农耕文化氛围，还可以了解到当地的农业发展现状和特色产业。这些活动不仅是一种娱乐方式，更是一种学习和体验农业知识的机会，增进了游客对农业的理解和认识，推动了农业科普教育的普及和传播。

5. 线上农业科普游

线上农业科普游将实景体验与虚拟网络世界相结合，通过电子地图等技术构建虚拟游玩环境。游客无需亲临现场，只需通过网络即可随时随地参与科普游学。

线上农业科普游的形式，不仅满足了游客对科普游学的愿望，也为科普教育的普及提供了便利条件。通过互联网技术，游客可以随时随地获取农业科普信息，促进了科普知识的传播和学习。2017 年以来，我国农业科普类短视频进入了快速发展时期，越来越多的农业科普创作者涌入短视频平台，掀起了农业知识热潮。据抖音发布的《抖音农技知识数据报告》显示，截至 2022 年 6 月，农业技术万粉创作者年增长率66.85%。[①]

同时，线上农业科普游也为不同地区的休闲农业科普事业注入了新的活力，丰富了科普游产品的形式，提升了科普游的参与度和趣味性。

---

① 李晓梅. 抖音热门农业科普短视频的创作机制研究 [J]. 南方农业，2023，17（17）：117-121.

第三节　乡村旅游景观的营造

一、乡村旅游景观营造的成功经验借鉴

（一）温泉符号与乡村旅游发展

在温泉的符号与功能互相融合的语境下，符号满足了人们的精神需求，而功能则旨在满足实际需求（图6-1）。传统温泉通过自涌水源保证持续供水，具备足够温度用于洗浴，并且优质的泉水还具有疗养效果。然而，现代温泉开发面临一系列问题。许多现代地热温泉位于乡村，由泵房替代了自涌，这导致水温和水量不稳定，泉质疗效也变得不确定。尽管在理论上这些温泉符合温泉功能定义，但实际上往往难以达到传统标准。

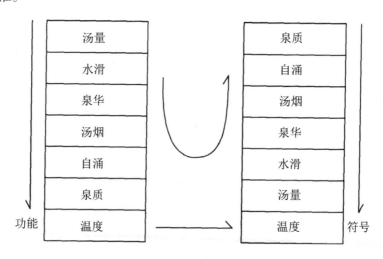

图6-1　保持温度基础的功能与符号转换

　　过去，人们对温泉抱有宽容态度。即使是天然自涌温泉，也可能存在水量小、温度不高、泉质不理想的情况，然而，人们往往对此持宽容态度，享受其象征意义。而现代对温泉的态度则变得更加苛刻。由于现代温泉开发多以经济利益为目的，社会对于地热温泉的要求近乎苛刻，有意无意地将其对标最佳温泉。这种态度变化引发了旅游者与企业之间的矛盾。旅游者的高要求往往超出了地热温泉的能力，而旅游企业难以满足这些要求，从而难以盈利。双方各持己见，未能达成共识，这样容易形成了一种僵持局面。

　　即使是知名温泉也面临水量减少、水温下降、泉质变差的问题。传统定义无法涵盖现代地热温泉，且对新兴温泉的真实性质疑。这进一步突显了市场需求与温泉实际能力之间的矛盾。尽管体验需求上许多旅游者不认同地热温泉，但他们仍然购买这些产品，这体现了旅游者的复杂性。供求双方在行动上实现了对接，这反映出市场需求与实际体验之间的微妙平衡。

　　温泉功能定义的局限性显而易见。传统温泉功能定义否定了地热温泉的积极意义，甚至影响到对原有温泉的重新评估。这种狭隘的定义阻碍了温泉行业的发展，忽视了现代温泉在实际使用中的价值。事实上，现代地热温泉虽然在某些方面不如传统温泉，但它们依然为游客提供了独特的体验和休闲放松的机会。

　　例如，兴隆温泉城位于沈阳市西郊，毗邻于洪区，距离市中心仅20公里。20世纪80年代发现于该地区石油钻探活动中，揭示出地下热水储层。近年来，地方政府认识到其旅游潜力，特别是推广其独特的含氟硅酸水。为开发这一潜力，政府制定了全面的旅游规划，并吸引了大量投资。已完成和正在进行的项目包括美国乡村、加拿大乡村和亿品堂城，未来的发展项目还包括英国乡村、瑞士达沃斯、唐代韵味、温泉城、养老护理温泉、罗马温泉、中体温泉和麦田温泉。这些项目的总投资达

200 亿元人民币，取得了显著的建设成就。然而，由于宣传工作滞后，公众对兴隆湖温泉仍存在误解，一些人错误地认为它是最近才被发现的。这种误解反映了社会长期忽视温泉资源价值的现状，突显了加强社会意识和推广活动的迫切需要。

在辽宁省，以兴隆温泉城为例，温泉水量的重要性彰显了其在当代旅游业中的重要角色。兴隆温泉城以令人印象深刻的 10700 吨水量领跑全省各镇。在大众旅游时代，这种容积能力已成为评估温泉的重要标准之一。其温泉功能质量，与其他地方观察到的不诚实做法形成鲜明对比。为了增加水量，有些温泉设施采用混合自来水或井水的手段，这种行为影响了其形象。

对游客来说，体验真正的温泉具有至关重要的意义，使得地热温泉的大水量比那些水量不足的传统温泉更为人所追捧。现代观点强调，大水量是温泉体验真实性的标志之一。文化学者甚至将水量视为温泉整体属性的隐喻，反映了当代意义上的转变和重建。

在当今旅游时代，游客通常不是专家，难以评估温泉水质等实地条件，因此对权威认证的依赖在温泉目的地中广泛存在。许多地点利用来自认可机构的认证，宣传关于治疗效果和微量矿物含量的夸大说法，往往缺乏直接的游客验证。在实际生活中，游客倾向于相信自己的个人经历，即使承认可能存在误差。例如，兴兴隆温泉城的游客经常描述水质非常柔和，这种感觉与古诗如《长恨歌》中所描述的情感一致，这些诗歌浪漫地赞美了这些特性。这些温泉背后有丰富的传说，增加了它们的吸引力。

（二）县域乡村旅游形象规范标准与应用

我国乡村旅游的发展大致经历了四个发展时期，即自发发展时期（1985—1998 年）、政府引导下的规模发展时期（1999—2002 年）、管理与规范发展时期（2003—2006 年）和提升时期（自 2007 年后期）。
以北京为例，2005 年，北京市旅游局会同市农委在《北京郊区民俗旅游
村（户）标准》（试行）的基础上，经过反复调研、专家论证，对《乡
村民俗旅游村（户）等级划分与评定》进行立项，并于同年 4 月 30 日
得到北京市和国家技术监督局的批准，通过一系列相关标准的制定，北
京乡村旅游市场发展逐步规范化。[①]2009 年发布的《乡村旅游特色业态
标准及评定》系列标准（DB11/T652.1-9-2009）标志着中国乡村旅游
进入了规范化发展阶段。这一系列包括乡村旅游八大业态的 9 个标准文
件，为乡村旅游的发展提供了明确的指导和规范。标准的制定使得乡村
旅游不再仅仅是规模扩展，而是向品质提升和规范化发展转变，进而推
动了行业的有序发展。随着乡村旅游形象规范的重要性逐渐显现，各地
开始注重打造良好的乡村旅游形象。这些努力不仅提升了乡村旅游的整
体形象和品质，也在实践中证明，良好的旅游形象设计与规范对乡村旅
游的吸引力和可持续发展具有显著的促进作用。因此，可以得出结论：
乡村旅游形象规范体系已成为当代乡村旅游发展不可或缺的一部分。通
过标准的制定和形象规范的推广，使之在提升服务质量、吸引游客、促
进经济增长方面发挥了重要作用，进而使乡村旅游行业得以进步与发展。
这一过程不仅使得乡村旅游更具竞争力，也有助于保护和传承乡村的自
然与文化资源。

（三）乡村旅游的创新发展

近年来，乡村旅游已经成为旅游业中一个至关重要的领域，然而当
地乡村在塑造自身的公众形象方面面临着重大挑战。

随着乡村旅游的持续扩展，利益相关者越来越意识到形象设计和标

---

① 任顺娟. 北京市乡村休闲旅游发展研究 [D]. 山西财经大学，2010.

准化的关键作用。在某个拥有众多旅游景点和度假胜地的县里，情况因不同景点之间的关系复杂而显得复杂。虽然旅游目的地和度假胜地建立了明确的分类的标准，但乡村旅游和非星级评定的场所缺乏精细的形象指南。这种差异突显了在乡村旅游中实现形象标准化的紧迫性需求。

中国的乡村旅游经历了显著的发展，从最初的自发阶段逐步转变为有结构、以政府引导为主的模式。最初以自然生长为特征的乡村旅游逐渐在政府的影响下向更有组织、更加规范化的发展方向转变。这种转变突显了政府在塑造乡村旅游形象、推行标准以确保有序发展和有效管理方面的关键作用。政府在形象设计和标准化方面的倡导起到了重要作用。

通过营造有利的监管环境并在统一框架内培育地方特色，中国可以可持续地推动乡村旅游发展，促进农村地区的经济增长，丰富文化交流并加强环境保护，使乡村旅游成为中国旅游业的重要支柱。

（四）休闲发展助推环城乡村现代化

乡村现代化发展通常涉及传统元素建设与保护的微妙平衡。这体现在对历史乡村住宅的精心保护、农业土地的保护以及村庄布局和文化连续性的维护上。这一策略旨在在现代转型中稳定农村地区，确保当地遗产的本质得以保持完整。但是，在农村现代化进程中，经常将现代化与工业化和城市化混为一谈，倾向于将城市标准应用于农村地区，进而忽视忽略了农村空间独特的多功能性。

农村地区是大规模休闲活动的多功能空间，为城市居民提供丰富多样的户外娱乐机会。随着城市扩展的加剧，这一角色变得越来越关键，凸显了人们日常生活和工作压力的增加。近郊村落的兴起进一步强化了这一趋势。由于其便捷性和优质环境，这些村庄已成为城市居民偏爱的休闲和度假地点。这种现象催生了农村旅游业等休闲产业。相应地，农村地区的休闲产业蓬勃发展，如农家乐和乡村旅游越来越受欢迎。将传统庭院改造为餐饮和住宿场所，或者开发田野进行观光和采摘活动，成功地满足了城市居民的休闲需求。

自 20 世纪 90 年代末以来，中国的乡村休闲和旅游经历了几个关键阶段，标志着行业和文化景观的重大转变。20 世纪 90 年代末，随着国家旅游局推出"城乡旅游主题年"等倡议，乡村旅游作为一个独立的领域逐步发展起来。全国各地的农业旅游开始蓬勃发展，如北京的"金秀大地农业观光园"和上海的"崇明岛生态农业园"等景点，拓宽了农业旅游的概念内涵，将农业生产与游客友好型景点相结合。

乡村休闲的显著转变是朝着高端、个性化和主题化体验的方向发展，摆脱了传统乡村生活的观念的束缚。如今，乡村休闲已经成为人们休闲活动的重要组成部分，反映了体验式旅游的更广泛发展趋势。除了旅游业，环绕城市的乡村地区在城市生态系统中发挥着关键作用，常常作为污染的缓冲区，并有助于空气净化。城市设计中的"反规划"等概念主张通过景观规划来发展生态基础设施，可持续地管理城市扩展。在经济和文化上，农村与城市的互动使得农业和休闲产业得以深化。这种交流不仅支持城市对食品和环境服务的需求，还促进了城乡地区之间文化和经济的平衡发展。

乡村因受城市化和工业化冲击较小，成功保留了许多传统文化的完整性。此外，乡村生活的舒适环境和淳朴文化吸引了城市居民前往，寻求更宜人的生活方式和真正的文化体验，从而为乡村文化的传承创造了有利条件。

随着休闲和旅游业的兴起，乡村的非物质文化遗产得以重新焕发生机，受到更多关注和保护。然而，现代化的推进与乡土文化的传承之间存在矛盾。保持乡土文化的传承不仅是简单地保存过去的景观或文物，而是在现代化发展中重新培育当地人的文化认同感，恢复适应其文化身份的生活方式，并确保他们在享受现代化便利的同时，不失去乡土文化的根基。这种平衡的关键在于，通过合适的政策和实践，促进乡村社区的自主发展，使其能够在现代社会中持续繁荣和发展。

二、乡村旅游景观营造的多元化探索

（一）主题设计

当前，我国乡村景观旅游发展中出现的些问题，可以归因为缺乏主题性设计，设计定位趋同，缺乏个性化的营造。一些乡村为了追求利益过于注重游客的需要，出现水泥道路、大型停车场、修剪漂亮的绿化植物、提供新式的住宿条件，使乡村景观失去了原有的地域特色，也丢失了原有的乡土气息，乡土文化的保护和传承渐渐让位于对经济的追求，最终落入俗套，失去吸引力。主题设计不仅仅是有一个吸引人的主题，还需要有完善的规划设计。有的时候一个主题刚刚出现，马上出现很多模仿者，水平良莠不齐，大量重复建设带来资金的极大浪费。乡村景观应借助独特的资源优势进行定位，进而在乡村旅游产品中体现出来。

2016 年 9 月 28 日，浙江省龙泉市宝溪乡溪头村以"竹"为载体的"国际竹建筑双年展"正式开幕。展览通过艺术介入，以建筑艺术的形式构筑中国乡村可持续发展的路径。"竹 + 建筑艺术"的主题激活了当地乡村的竹文化建设。贵州黔东南州黎平县尚重镇洋洞村，为发展乡村旅游寻求活化古村落，依托侗族民族文化，借几乎消失的牛耕文化，逆机械化，反其道而行之，建立生态田园综合体，形成了以牛耕为核心的稻鱼鸭共育方式。当地良好的生态自然环境、保持完整的牛耕生产方式吸引了国内外大批游客来体验感受，在牛耕主题下，当地举办千牛同耕活动项目，还原乡村晾晒、加工的景观场景，并衍生出具有文创特征的农业产品。成都郊外的三圣乡红砂村定位的主题为"中国花木之乡"，以赏花和休闲为其旅游体验目标，并推出"五朵金花"的旅游品牌。除了依托地域特色主题振兴乡村的案例外，还可以利用互联网平台将闲置和分散的农宅信息资源进行优化配置，共同开发乡村资源。2016 年某信息服务有限公司推出一款农庄产品，其内部包括农业生产、度假养老和旅游休闲等内容。平台搭建乡村主题，以高效可行的方式吸引更多乡村共筹共享项目，共享果园、共享菜园、共享民宿等渐渐呈现。

（二）期望景观

旅游者来到农村最期望看到的是乡村之美。乡村之美体现在田园诗意、野趣的风景以及一幅幅自然温馨的乡村生活画面。不同年代有着不同的生活环境，南北方的地域环境也给人们带来了不同的生活经历，但由于人们的文化教育背景相似，因而对于乡村的期望景观就存在于差异，如春天期待到繁花似锦的田间采摘荠菜；山里的菌菇慢慢长出，小姑娘提着篮子去碰运气；夏季把西瓜放进井水里，不久就能吃上冰爽的西瓜；少年们在河里比试各自的水中技巧，水花翻滚在嬉戏之间，还可以在鱼塘里浑水摸鱼、上树抓鸟；秋天是丰收的季节，有着吃不完的水果和美丽的风景，放学回家的孩子在秋高气爽的季节里欢快地歌唱；冬季里，大雪过后打雪仗，挂灯笼迎接新年，空气里都是喜庆的味道。

旅游者抱着寻找、发现、体验富有特色的旅游产品的心理来到乡村。乡村的吸引力就在于让旅游者内心强烈的期待得到满足。例如，每到秋季，塔川满山的红叶让方圆十里的乡间田野层林尽染，美不胜收，如画的美景满足了游人对乡村景观的所有幻想，好一幅迷人的桃花源景致。

（三）差异化定位

乡村旅游的差异化体现在两个方面，一是与城市之间的差异化。乡村诞生的目的在于生产农产品，城市诞生的目的在于交换，人们之所以来到乡村旅游就是要感受区别于城市的风景，所以在设计乡村景观的时候考虑旅游者的主体来自城市，在设计中应更多地体现乡村的地域特点，突出其自身的"土"味。二是乡村与乡村之间的差异化。要避免恶性竞争，树立独特的竞争优势。试想如果相互之间没有差异的话，必然导致村与村之间为吸引游客恶性竞争，带来的是低质量的旅游体验。旅游归根到底还是要提供差异化产品供旅游者选择，保持地方本色、体现差异的乡村旅游才有活力。旅游者来到乡村期待看到的是个性鲜明、形象独特的乡村旅游景观，因此在旅游规划里就要运用补缺策略。补缺策略要求在区域内众多旅游景观产品中分析已有的旅游景观形象，发现和创造与众不同的主题形象，对乡村旅游资源进行补缺定位，创造有新特征的产品。对自身和周边竞争者特征和定位的了解，可避免产生同质化的竞争业态，开发自身资源优势，形成差异化定位。差异化反映在体验乡村文化、品尝特色美食和对乡村景观的感受上，同时要对人群的消费能力和审美趣味进行准确的定位分析。

深藏在江西婺源山中的篁岭以晒秋闻名。入村要靠乘20分钟的索道，古老的徽派民居在百米落差的岭谷错落排布，村里没有广告牌也没有喧闹的声音，一切都显得很安宁。每到秋季辣椒丰收时，家家户户晒椒的农俗景观成为篁岭独特的景观。乌镇横港国际艺术村是中国首个儿童友好型的艺术乡村，定位在"亲子＋乡村艺术"，将乡村打造成为一个以艺术为媒介、拥有国际化乡村教育的综合体。乌镇横港国际艺术村选择差异化的定位，形成一个开放艺术社区。通过系列策划定位，让乡村、原居民、孩子、艺术家共同生活、互相影响。

（四）情节互动体验

情节互动是指在挖掘当地文化基础上，按一定的故事手法组织乡村景观序列，围绕一定的主题内容开展参与性的景观游览活动，提高参与者的认识水平，强化人与人之间的交流。情节互动体验主要突出：①地域性的差异；②固定性和变化性的内容，③参与性和过程感。除了选用地方的建造技术、建造手法、植物展现地方的文化特点，形成具有差异化的乡村景观外，还应在旅游项目、文化产品上更多地考虑旅游者的内心期望，避免旅游产品千篇一律，体现不出地方特色。

情节互动体验的节目应安排固定性和变化性的内容。固定的节目属于常规性的保留节目，给予旅游者可以预期的内容。变化性的内容指在节目安排上不断调整和更新，吸引回头客，让其预期有更多的想象空间。可多利用传统的节庆来带动互动体验。

（五）夜间旅游

针对不断变化的游客需求，乡村旅游正向延长白天访问时间和丰富乡村体验方向转变。当前，国内夜间游览多以文化为主题，加入新媒体等艺术装置，增加互动性，引导夜间游览活动，形成区别于白天的游玩路线和节目。桂林阳朔在国内首创大型山水演艺活动《印象·刘三姐》，之后国内涌现出不同类型的印象系列，将灯光艺术融入自然山水，带来了全新的乡村旅游体验。

夜间旅游产品抓住了夜间消费人群的体验需求，经过布景和项目的组合，融入乡村地方元素，通过声、光、电等技术，营造乡村独特的夜间景观，带给游客不一样的互动体验，增加目的地的吸引力，带来更多的商业价值。[①]乡村夜间旅游一般分为放松体验型、舞台剧情型和探险体验型。夜游景观的设计原则是本土风格统一和互动体验结合，照明的灯光设备不宜影响白天的景观效果，利用各类光源显色性的特点，突出表现重点照明的色彩。夜游灯光除了满足基本的照明需要外，还要考虑对于重要节点的重点照明，以突出乡村的地域特色。整体照明应以线和

---

① 覃楚越．基于体验式的山地乡村景观设计研究 [D]．河北工业大学，2021.

面的布局展开，局部空间点缀的点状布局照明。有效的照明设计偏重全面照明，采用线性和平面布局，并在局部区域使用点缀灯光。避免直接眩光，灯光被安置在建筑结构内或植物叶后，以增强视觉舒适度。夜间照明不仅改变了乡村景观，还整合了互动装置，增强了夜间游览的吸引力和独特魅力。

参考文献

[1] 汤喜辉. 美丽乡村景观规划设计与生态营建研究 [M]. 北京：中国书籍出版社，2019.

[2] 李莉. 乡村景观规划与生态设计研究 [M]. 北京：中国农业出版社，2021.

[3] 郭雨，梅雨，杨丹晨. 乡村景观规划设计创新研究 [M]. 北京：应急管理出版社，2020.

[4] 陈树龙，毛建光，褚广平. 乡村规划与设计 [M]. 北京：中国建材工业出版社，2021.

[5] 庄志勇. 乡村生态景观营造研究 [M]. 长春：吉林人民出版社，2020.

[6] 顾小玲. 新农村景观设计艺术 [M]. 南京：东南大学出版社，2011.

[7] 陈威. 景观新农村乡村景观规划理论与方法 [M]. 北京：中国电力出版社，2007.

[8] 孙凤明. 乡村景观规划建设研究 [M]. 石家庄：河北美术出版社，2018.

[9] 战杜鹃. 乡村景观伦理的探索 [M]. 武汉：华中科技大学出版社，2018.

[10] 吴银玲. 重焕生机以乡村景观的融合创新推动乡村振兴 [M]. 长春：吉林科学技术出版社，2023.

[11] 舒尔茨.改造传统农业 [M].梁小民，译.北京：商务印书馆，1987.

[12] 西奥多·W.舒尔茨.改造传统农业 [M].梁小民，译.北京：商务印书馆，1987.

[13] 吴季松.生态文明建设 [M].北京：北京航空航天大学出版社，2015.

[14] 中华人民共和国建设部历史文化名城保护规划规范 [EB/OL].北京：中国建筑工业出版社.

[15] 史蒂文·蒂耶斯德尔，蒂姆·希思，塔内尔·厄奇.城市历史街区的复兴 [M].张玫英，董卫，译.北京：中国建筑工业出版社，2006.

[16] 方可.当代北京旧城更新调查·研究·探索 [M].北京：中国建筑工业出版社，2000.

[17] 李允鉌.华夏意匠 [M].香港：广角镜出版社，1984.

[18] 李其荣.城市规划与历史文化保护 [M].南京：东南大学出版社，2003.

[19] 彭一刚.建筑空间组合论：第 2 版 [M].北京：中国建筑工业出版社，1998.

[20] 曾坚，等.传统观念和文化趋同的对策——中国现代建筑家研究之二 [J].建筑师，83.

[21] 贺力申.惩治基层农村黑恶势力犯罪的几点思考 [J].法治与社会，2023（10）：63-64.

[22] 关于财政保障农业农村优先发展的调研 [J].山西财税，2023(8)：21-22.

[23] 乡村振兴是实现共同富裕必经之路 [J].小康，2021（29）：2.

[24] 李本建，夏杰瑶.基于 FAST 分析法的程阳八寨侗族村落景观优化 [J].湖南包装，2021，36（3）：1-5.

[25] 李娜.旅游开发中的民族传统文化保护——吐鲁番吐峪沟维吾

尔族乡村调查 [J]. 新疆社会科学，2011（4）：54-60+167.

[26] 王丽云. 对新农村景观建设实践误区的思考 [J]. 生态经济，2011（7）：177-179.

[27] 向东红. 荆州古城三义街历史街区保护与更新策略研究 [D]. 湖南大学，2010.

[28] 汪芳，刘迪，韩光辉. 城市历史地段保护更新的"活态博物馆"理念探讨——以山东临清中洲运河古城区为例 [J]. 华中建筑，2010，28（5）：159-162.

[29] 任顺娟. 北京市乡村休闲旅游发展研究 [D]. 山西财经大学，2010.

[30] 夏鸿玲. 新农村生态景观规划建设探讨 [J]. 科技信息，2008（33）：270+264.

[31] 闫娜. 人造生态景观的人文性和景观性 [D]. 南京林业大学，2008.

[32] 欧雷. 浅析传统院落空间 [J]. 四川建筑科学研究，2005（5）：127-130.

[33] 宋晓龙. 旧区保护：从"整体"走向"微循环"——北京历史街区保护思想的新探索 [C]// 国际住房与规划联合会. 国际住房与规划联合会（IFHP）第46届世界大会中方论文集. 北京：北京市城市规划设计研究院，2002：3.

[34] 覃楚越. 基于体验式的山地乡村景观设计研究 [D]. 河北工业大学，2021.

[35] 陈鹏. 乡村振兴背景下乡村肌理更新设计研究 [D]. 江南大学，2021.

[36] 冯源. 乡村振兴亟须四种人才 [J]. 决策探索（中），2021（1）：82-83.

[37] 王文丽，徐向龙. 乡村振兴背景下艺术乡建的社交媒体表达探索——基于发展传播学的视角 [J]. 百色学院学报，2020，33（5）：123-127.

[38] 张为. 乡村景观设计营造理论与实践 [J]. 中国果树，2020（5）：148.

[39] 刘成奎. 推进农业农村发展要坚持"四个优先" [J]. 中国果业信息，2019，36（5）：4.

[40] 王磊. 乡村文化振兴的国学思考 [N]. 光明日报，2018-07-07（011）.

[41] 实现高质量发展是乡村振兴的关键 [N].21 世纪经济报道，2018-02-06（001）.

[42] 谢双明. 实现"村容整洁"推进文明生态新农村建设 [J]. 社科纵横，2017，32（7）：29-33.

[43] 郑嫣然. 基于新乡土建筑背景下的浙西北民宿设计研究 [D]. 浙江农林大学，2018.

[44] 吉瑞东. 三门峡北营村"地坑院"乡村旅游可持续发展规划策略研究 [D]. 西安建筑科技大学，2017.

[45] 鲍晶晶. 城市历史街区的保护与更新研究 [D]. 苏州大学，2017.

[46] 张国昕. 生态文明理念下西北宁陕地区移民宜居环境建设研究 [D]. 西安建筑科技大学，2017.

[47] 张艳. 乡村复兴导向下苏南水网乡村特色空间发展策略研究 [D]. 苏州科技大学，2017.

[48] 高岳峰. 马克思主义农村发展理论与社会主义新农村建设 [D]. 武汉大学，2014.

[49] 张禛婷，顾爱彬. 基层群众自治现状调研及展望 [J]. 法制与社会，2014（12）：147-149.

[50] 陈英瑾 . 乡村景观特征评估与规划 [D]. 清华大学，2012.

[51] 佟小雯 . 宣村治理：转型时期中国农村社会管理研究 [D]. 南京师范大学，2012.

[52] 吴琳 . 城市中心历史街区"活化"保护规划研究——以湖州市小西街为例 [J]. 现代城市研究，2012，27（4）：30−36+81.

[53] 蔡小于，邓湘南 . 乡村文化对乡村旅游需求的影响研究 [J]. 西南民族大学学报（人文社会科学版），2011，32（11）：144−147.